Heinrich Holland | Doris Holland

Wirtschaftsmathematik

INTENSIVTRAINING

Der günstige Preis dieses Buches wurde durch
großzügige Unterstützung der

MLP Finanzdienstleistungen AG Heidelberg

ermöglicht, die sich seit vielen Jahren als Partner der
Studierenden der Wirtschaftswissenschaften versteht.

Als führender unabhängiger Anbieter von Finanzdienstleistungen für akademische Berufsgruppen fühlt
sich MLP Studierenden besonders verbunden. Deshalb
ist es MLP ein Anliegen, Studenten mit dem
Ⓟ **MLP** REPETITORIUM Informationen zur Verfügung zu
stellen, die ihnen für Studium und Examen großen
Nutzen bieten, der sich schnell in Erfolg umsetzen läßt.

MLP REPETITORIUM

Heinrich Holland | Doris Holland

Wirtschaftsmathematik

INTENSIVTRAINING

REPETITORIUM WIRTSCHAFTSWISSENSCHAFTEN
HERAUSGEBER: VOLKER DROSSE | ULRICH VOSSEBEIN

GABLER

PROF. DR. HEINRICH HOLLAND lehrt Wirtschaftsmathematik, Statistik
und Marketing an der Fachhochschule Mainz.

DORIS HOLLAND ist Lehrbeauftragte für Wirtschaftsmathematik an
den Fachhochschulen Mainz und Worms und Unternehmensberaterin.

Die Deutsche Bibliothek – CIP-Einheitsaufnahme

Holland, Heinrich:
Wirtschaftsmathematik: Intensivtraining / Heinrich Holland/Doris Holland. – Wiesbaden : Gabler, 1999
(MLP-Repetitorium) (Repetitorium Wirtschaftswissenschaften)
ISBN-13: 978-3-409-12622-9   e-ISBN-13: 978-3-322-84551-1
DOI: 10.1007/978-3-322-84551-1

Lektorat Jutta Hauser-Fahr
Umschlagkonzeption independent, München

Vorwort zum Repetitorium Wirtschaftswissenschaften

Das Repetitorium Wirtschaftswissenschaften richtet sich an Dozenten und Studenten der Wirtschaftswissenschaften, des Wirtschaftsingenieurwesens und anderer Studiengänge mit wirtschaftswissenschaftlichen Inhalten an Universitäten, Fachhochschulen und Akademien. Es ist gleichermaßen zum Selbststudium für Praktiker geeignet, die auf der Suche nach einem fundierten theoretischen Hintergrund für ihre Entscheidungen in den Unternehmen sind.

In allen Bänden des Repetitoriums wird besonderer Wert auf Beispiele, Übersichten und Übungsaufgaben gelegt, die die Erarbeitung des jeweiligen Lernstoffs erleichtern und das Gelernte festigen sollen. Zur Sicherung des Lernerfolgs dienen auch die zahlreichen Tips zur Lösung der Aufgaben, die vor einem Vergleich der eigenen Lösung mit der Musterlösung eingesehen werden sollten. Sie enthalten einerseits die Resultate der Musterlösungen und zum anderen Hinweise zum Lösungsweg.

Für Anregungen, die der weiteren inhaltlichen und didaktischen Verbesserung des Repetitoriums dienen, sind wir dankbar.

Die Herausgeber

Volker Drosse   *Ulrich Vossebein*

Inhaltsverzeichnis

1. Mathematische Grundlagen

1.1 Potenzen

Das n-fache Produkt einer Zahl mit sich selbst ($a \cdot a \cdot a \cdot a \cdot \ldots \cdot a = a^n$) entspricht der **n-ten Potenz** dieser Zahl (a^n). Dabei wird a als **Basis** (oder Grundzahl) und n als **Exponent** (oder Hochzahl) bezeichnet. Für das Studium der Wirtschaftswissenschaften sind einige Regeln für den Umgang mit Potenzen wichtig, auf die in den folgenden Kapiteln häufig zurückgegriffen wird.

Addition und Subtraktion von Potenzen

Nur Potenzen, die sowohl gleiche Basen als auch gleiche Exponenten haben, lassen sich addieren und subtrahieren.

Beispiel 1.1: Addition und Subtraktion von Potenzen

$$2a^4 + 5a^4 - 3a^4 = 4a^4$$

Multiplikation von Potenzen

– Potenzen mit gleicher Basis: $a^n \cdot a^m = a^{n+m}$

Beispiel 1.2: Potenzen mit gleicher Basis

$$3^3 \cdot 3^4 = (3 \cdot 3 \cdot 3) \cdot (3 \cdot 3 \cdot 3 \cdot 3) = 3^{3+4} = 3^7$$
$$x^2 \cdot x^5 = x^7$$

– Potenzen mit gleichen Exponenten: $a^n \cdot b^n = (a \cdot b)^n$

Beispiel 1.3: Potenzen mit gleichen Exponenten

$$3^3 \cdot 7^3 = (3 \cdot 3 \cdot 3) \cdot (7 \cdot 7 \cdot 7) = (3 \cdot 7) \cdot (3 \cdot 7) \cdot (3 \cdot 7) =$$
$$(3 \cdot 7)^3 = 21^3$$

– Potenzieren von Potenzen: $(a^n)^m = a^{n \cdot m}$

Beispiel 1.4: Potenzieren von Potenzen

$$(4^2)^3 = (4^2) \cdot (4^2) \cdot (4^2) = (4 \cdot 4) \cdot (4 \cdot 4) \cdot (4 \cdot 4) = 4^{2 \cdot 3} = 4^6$$

Die Schreibweise ist zu beachten, denn auf die Klammer kann nicht verzichtet werden, wie das folgende Beispiel zeigt.

Beispiel 1.5: Potenzieren von Potenzen

$$3^{2^3} = 3^{(2^3)} = 3^8 = 6.561 \neq (3^2)^3 = 3^6 = 729$$

Division von Potenzen

– Potenzen mit gleicher Basis: $\dfrac{a^n}{a^m} = a^{n-m}$ mit $a \neq 0$

Beispiel 1.6: Potenzen mit gleicher Basis

$$\frac{3^4}{3^2} = \frac{3 \cdot 3 \cdot 3 \cdot 3}{3 \cdot 3} = 3^{4-2} = 3^2$$

$$\frac{2^3}{2^5} = \frac{2 \cdot 2 \cdot 2}{2 \cdot 2 \cdot 2 \cdot 2 \cdot 2} = 2^{3-5} = 2^{-2} = \frac{1}{2^2} = \frac{1}{4}$$

– Potenzen mit gleichem Exponenten: $\dfrac{a^n}{b^n} = \left(\dfrac{a}{b} \right)^n$ mit $b \neq 0$

Beispiel 1.7: Potenzen mit gleichem Exponenten

$$\frac{2,37^5}{1,58^5} = 1,5^5 = 7,59375$$

Sonstige Regeln

– $a^{-n} = \dfrac{1}{a^n}$ mit $a \neq 0$

– $a^0 = 1$ (Definition)

– $a^{\frac{n}{m}} = \sqrt[m]{a^n}$

1.2 Wurzeln

Die Wurzelrechnung ergibt sich als eine der beiden Umkehrungen der Potenzrechnung. Wenn die Funktion $x^n = y$ ($y \geq 0$ und n ist eine Natürliche Zahl) nach x aufgelöst wird, ergibt sich $x = \sqrt[n]{y}$.

Quadratische Gleichungen

Quadratische Gleichungen können mit Hilfe von Quadratwurzeln gelöst werden.

$$ax^2 = b \quad \Rightarrow \quad x^2 = \frac{b}{a} \quad \Rightarrow \quad x = \sqrt{\frac{b}{a}}$$

Beispiel 1.8: Quadratische Gleichungen

$$3x^2 = 12 \quad x^2 = 4 \quad x = \sqrt{4} = \pm 2$$

Man erhält zwei Lösungen, da die Quadratwurzel aus 4 sowohl +2 als auch −2 als Lösungen hat.

Regeln

$$- \quad \sqrt{a} \cdot \sqrt{b} = \sqrt{a \cdot b} \quad \text{für } a \geq 0 \text{ und } b \geq 0$$

$$- \quad \frac{\sqrt{a}}{\sqrt{b}} = \sqrt{\frac{a}{b}} \quad \text{für} \quad a \geq 0 \text{ und } b > 0$$

$$- \quad \sqrt{a} = \sqrt[2]{a} = a^{\frac{1}{2}}$$

Beispiel 1.9: Regeln für das Rechnen mit Wurzeln

$$\sqrt{4} \cdot \sqrt{9} = \sqrt{36} = \pm 6$$

$$\frac{\sqrt{72}}{\sqrt{2}} = \sqrt{36} = \pm 6$$

$$\sqrt{5} = 5^{\frac{1}{2}}$$

Mit Hilfe der **p-q-Formel** lassen sich quadratische Gleichungen leicht lösen.

Normalform einer quadratischen Gleichung: $x^2 + px + q = 0$
Es ergeben sich die Lösungen x_1 und x_2:

$$x_{1,2} = -\frac{p}{2} \pm \sqrt{\left(\frac{p}{2}\right)^2 - q}$$

Beispiel 1.10: p-q-Formel

$$3x^2 + 9x + 6 = 0$$

$$x^2 + 3x + 2 = 0$$

$$x_{1,2} = -\frac{3}{2} \pm \sqrt{\frac{9}{4} - \frac{8}{4}} = -\frac{3}{2} \pm \frac{1}{2}$$

$$x_1 = -1 \quad x_2 = -2$$

Wurzeln höheren Grades

Aus der Auflösung der Gleichung $x^n = b$ nach der Variablen x ergibt sich

$x = \sqrt[n]{b}$ (lies: x ist die n-te Wurzel oder Wurzel n-ten Grades aus b).

Beispiel 1.11: Wurzeln höheren Grades

$$x^3 = 27 \quad x = \sqrt[3]{27} = 3$$

$$x^3 = -27 \quad x = \sqrt[3]{-27} = -3 \text{ , denn } (-3)\cdot(-3)\cdot(-3) = -27$$

Dieses Beispiel zeigt, daß für ungerade n auch die n-te Wurzel aus **negativen** Zahlen definiert sein kann.

$x^4 = -16$ ist dagegen nicht lösbar, da die 4. Potenz einer Zahl nie negativ sein kann.

1.3 Logarithmen

Auch in dem Kapitel über die Logarithmen wird wieder von der Gleichung $x^n = y$ ausgegangen. Während bei der Potenzrechnung aus gegebenem x (Basis) und n (Exponent) der Wert für y bestimmt wird, kann mit Hilfe der Wurzeln x berechnet werden, wenn n und y bekannt sind. Wenn dagegen x und y bekannt sind, und der Exponent n berechnet werden soll, führt dies mit der zweiten Umkehrung der Potenzfunktion zum Logarithmieren.

$$n = \log_x y \quad \text{(lies: Logarithmus y zur Basis x)}$$

Der Logarithmus von y zur Basis x ist die Zahl, mit der x zu potenzieren ist, um y zu erhalten.

Für die Wirtschaftswissenschaften sind zwei Logarithmen wichtig:

- der dekadische Logarithmus (Basis 10): $\log x$

- der Natürliche Logarithmus (Basis e): $\ln x$
  $e = 2{,}71828\ldots$ ist die Eulersche Zahl

Regeln

- $\log_a 1 = 0 \qquad$ denn $a^0 = 1$

- $\log x + \log y = \log (x \cdot y)$

- $\log x - \log y = \log \left(\dfrac{x}{y} \right)$

- $\log (x^n) = n \cdot \log x$

- $\log \left(\sqrt[n]{x} \right) = \dfrac{1}{n} \cdot \log x \qquad$ denn $\sqrt[n]{x} = x^{\frac{1}{n}}$

Beispiel 1.12: Regeln für das Rechnen mit Logarithmen

$$\log 4 + \log 7 = \log (4 \cdot 7) = \log (28)$$

$$\log 4 - \log 3 = \log \left(\frac{4}{3} \right)$$

$$\log 1.000 = \log (10^3) = 3 \cdot \log 10$$

1.4 Exponentialgleichungen

Bei einer Exponentialgleichung tritt die Unbekannte x im Exponenten auf.

$$a^x = b \qquad (a > 0,\ b > 0)$$

Durch Logarithmieren beider Gleichungsseiten kann eine Exponentialgleichung gelöst werden. Dabei kann zu jeder beliebigen Basis logarithmiert werden; aus praktischen Gründen verwendet man den dekadischen Logarithmus oder den natürlichen Logarithmus, da diese auf den Taschenrechnern implementiert sind.

$$\log a^x = \log b$$

$$x \log a = \log b \quad \text{(laut Rechenregeln für Logarithmus)}$$

$$x = \frac{\log b}{\log a}$$

Beispiel 1.13: Regeln für das Rechnen mit Exponentialgleichungen

$$3^x = 2.187$$

$$\log 3^x = \log 2.187$$

$$x \log 3 = \log 2.187$$

$$x = \frac{\log 2.187}{\log 3} = \frac{3{,}3398}{0{,}4771} = 7$$

1.5 Summenzeichen

Das Summenzeichen dient der vereinfachenden und verkürzten Schreibweise von Summen. Dadurch lassen sich Summen mit beliebig vielen oder unendlich vielen Summanden, wie man sie z. B. in der Finanzmathematik benötigt, ohne große Schreibarbeit darstellen.

$$a_1 + a_2 + a_3 + \dots + a_n = \sum_{i=1}^{n} a_i$$

Beispiel 1.14: Summenzeichen

$$a_1 = 4 \quad a_2 = 7 \quad a_3 = 12 \quad a_4 = 18$$

$$\sum_{i=1}^{4} a_i = a_1 + a_2 + a_3 + a_4 = 4 + 7 + 12 + 18 = 41$$

Eine größere Bedeutung hat das Summenzeichen jedoch dann, wenn es möglich ist, die zu summierende Größe a_i explizit als eine Funktion des Summationsindex i darzustellen: $a_i = f(i)$

Beispiel 1.15: Summenzeichen

Das Bildungsgesetz lautet: $a_i = 4i + 2$

$$\sum_{i=-2}^{3} (4i+2) = -6 - 2 + 2 + 6 + 10 + 14 = 24$$

Regeln für das Rechnen mit Summen

– Wenn die Summe aus n **gleichen Summanden** besteht, läßt sie sich dadurch berechnen, daß man n mit a multipliziert.

$$\sum_{i=1}^{n} a = n \cdot a$$

– Wenn jedes Glied einer Summe einen **konstanten Faktor** c enthält, kann dieser Faktor vor das Summenzeichen gezogen werden.

$$\sum_{i=1}^{n} ca_i = c \cdot \sum_{i=1}^{n} a_i$$

– Wenn jedes Glied einer Summe aus **mehreren Summanden** besteht, kann über jeden Summanden getrennt summiert werden.

$$\sum_{i=1}^{n} (a_i + b_i) = \sum_{i=1}^{n} a_i + \sum_{i=1}^{n} b_i$$

Doppelsummen

Wenn nicht nur über einen sondern über zwei oder mehr Indizes summiert wird, läßt sich dies durch Doppel- bzw. Mehrfachsummen ausdrücken.

Im Laufe des Wirtschaftstudiums werden fast ausschließlich ein- oder zweidimensionale Tabellen besprochen, so daß sich die Ausführungen dieses Kapitels auf die Behandlung von einfachen bzw. Doppelsummen beschränken. Eine Übertragung der Aussagen über die Doppelsummen auf mehr als zwei Summationsindizes ist leicht möglich.

Beispiel 1.16: Doppelsumme

Ein Unternehmen produziert drei verschiedene Varianten eines Farbfernsehgerätes. Die nachfolgende Tabelle gibt die Umsätze (in Mio. DM) pro Monat für jede Produktvariante in einem Jahr an.

Variante	Monate j												Gesamt-umsatz
i	1	2	3	4	5	6	7	8	9	10	11	12	je Variante
1	2	5	4	6	2	3	3	4	3	5	7	7	51
2	4	6	8	3	4	5	6	2	5	8	8	6	65
3	3	2	5	5	3	2	1	0	1	0	2	2	26
monatl. Ge-samtumsatz	9	13	17	14	9	10	10	6	9	13	17	15	142

Allgemeine Symbole für dieses Beispiel:

$$u_{ij} = \text{Umsatz des Gutes } i \text{ im Monat } j$$

i bezeichnet die Zeile, in der dieser Wert steht, der Index j bezeichnet die Spalte, $u_{27} = 6$

Zeilensumme:

$$\sum_{j=1}^{m} u_{1j} = u_{11} + u_{12} + u_{13} + \dots + u_{1m} = \sum_{j=1}^{12} u_{1j} = 51$$

Gesamtumsatz der Produktvariante 1 summiert über alle zwölf Monate

Spaltensumme:

$$\sum_{i=1}^{n} u_{i1} = u_{11} + u_{21} + u_{31} + \ldots + u_{n1} = \sum_{i=1}^{3} u_{i1} = 9$$

Gesamtumsatz des Monats 1 summiert über alle Produktvarianten

Gesamtsumme:

Die Berechnung der Gesamtsumme entspricht einer Summation über zwei Indizes. Zunächst wird der Gesamtumsatz über alle Produkte je Monat (Spaltensumme) bestimmt; anschließend werden diese Umsatzzahlen über alle zwölf Monate summiert:

$$\sum_{j=1}^{m} \left(\sum_{i=1}^{n} u_{ij} \right) = 142$$

Oder man berechnet zunächst die Gesamtumsätze für jedes Produkt (Zeilensumme) und dann deren Summe.

$$\sum_{i=1}^{n} \left(\sum_{j=1}^{m} u_{ij} \right) = 142$$

In beiden Fällen errechnet sich das gleiche Ergebnis. Die Reihenfolge der Summation bei einer Doppelsumme spielt keine Rolle.

$$\sum_{i=1}^{n} \sum_{j=1}^{m} u_{ij} = \sum_{j=1}^{m} \sum_{i=1}^{n} u_{ij}$$

$\displaystyle\sum_{i=1}^{n} \sum_{j=1}^{m} u_{ij}$ heißt **Doppelsumme** (Summe von Summen)

$$
\begin{aligned}
= \; & u_{11} + u_{12} + u_{13} + \ldots + u_{1j} + \ldots + u_{1m} + \\
& u_{21} + u_{22} + u_{23} + \ldots + u_{2j} + \ldots + u_{2m} + \\
& \quad \cdot \qquad \cdot \qquad \cdot \qquad \cdot \qquad \cdot \qquad \cdot \\
& \quad \cdot \qquad \cdot \qquad \cdot \qquad \ldots + u_{ij} + \ldots \qquad \cdot \\
& \quad \cdot \qquad \cdot \qquad \cdot \qquad \cdot \qquad \cdot \qquad \cdot \\
& u_{n1} + u_{n2} + u_{n3} + \ldots + u_{nj} + \ldots + u_{nm}
\end{aligned}
$$

2. Funktionen mit einer unabhängigen Variablen

2.1 Funktionsbegriff

Eine Funktion dient der Beschreibung von Zusammenhängen zwischen mehreren verschiedenen Faktoren. In den Wirtschaftswissenschaften beschäftigen sich viele Fragestellungen mit der Untersuchung von Zusammenhängen zwischen wirtschaftlichen Größen. So ist es beispielsweise möglich, mit Hilfe mathematischer Verfahren Aussagen über den Zusammenhang zwischen dem Preis eines Gutes und der Nachfrage (Preisabsatzfunktion) oder über den Zusammenhang zwischen Volkseinkommen und Konsumausgaben (Konsumfunktion) zu machen.

Bei einer Funktion - einer **eindeutigen Zuordnung** - wird jedem Element der einen Menge genau ein Element der anderen zugewiesen; jedem x wird genau ein y zugeordnet und nicht mehrere.
Eine **eineindeutige (bijektive) Funktion** liegt dann vor, wenn jedem Element der Menge X genau ein Element der Menge Y zugeordnet werden kann (eindeutig) und umgekehrt. Zu jedem x gehört genau ein y, und zu jedem y gehört genau ein x. Nur solche Funktionen lassen sich umkehren.

Eine Funktion schreibt man:

$$y = f(x) \quad \text{(y ist eine Funktion von x; y gleich f von x)}$$

Dabei wird y als die **abhängige Variable** und x als die **unabhängige Variable** bezeichnet.
Der **Definitionsbereich** ist der Gesamtbereich der Werte, die für die unabhängige Variable zugelassen sind. Der **Wertebereich** ist die Menge der Funktionswerte, die die abhängige Variable y annimmt.

2.2 Darstellungsformen

Bei der Untersuchung konkreter Fragestellungen ist es nicht immer möglich, unter allen Darstellungsformen zu wählen, die alle verschiedenen Zwecken dienen und mit unterschiedlichen Vor- und Nachteilen verbunden sind.

Tabellarische Darstellung

Die tabellarische Darstellung wird als Wertetabelle verwandt, um Funktionsgleichungen graphisch darzustellen.

Beispiel 2.1: Tabellarische Darstellung

Für die Kostenfunktion $K = 1.000.000 + 400x$ ergibt sich folgende Wertetabelle:

Produktionsmenge	0	1.000	2.000	3.000	4.000	5.000
Gesamtkosten (Mio.DM)	1	1,4	1,8	2,2	2,6	3

Zwar läßt sich die Tabelle um beliebig viele Werte erweitern, aber es bleibt der Nachteil, daß keine Aussagen über Zwischenwerte gemacht werden können.

Tabellarische Darstellungen werden auch eingesetzt, wenn die Funktionsgleichung nicht bekannt ist, sondern nur eine empirisch ermittelte Anzahl von Wertepaaren.

Diese Darstellungsform ist auch bei mathematisch komplizierten Funktionen vorteilhaft, um die Anwendung zu vereinfachen (z. B. Tabellen mit statistischen Verteilungen, Einkommensteuertabelle).

Analytische Darstellung

Die analytische Darstellung als Funktionsgleichung $y = f(x)$ erlaubt es, aus beliebigen Werten der unabhängigen Variablen x den zugehörigen Wert der abhängigen Variablen y exakt zu berechnen.

Auch die charakteristischen Punkte einer Funktion, wie Extremwerte, lassen sich aus einer Funktionsgleichung berechnen.

Graphische Darstellung

Das Einzeichnen von Wertepaaren (x; y) der Funktion $y = f(x)$ in ein (rechtwinkliges kartesisches) Koordinatensystem bedeutet eine Reduktion auf die wesentlichen Merkmale. Aus dem Schaubild lassen sich zwar die Werte nicht exakt ablesen, aber diese Darstellungsform ist visuell gut aufzunehmen, da sie es erlaubt, die relevanten Informationen sehr schnell zu erfassen.

Das Koordinatensystem besteht für Funktionen mit einer abhängigen und einer unabhängigen Variablen aus zwei senkrecht aufeinanderstehenden Achsen. An der horizontalen Achse - der Abszisse - wird im allgemeinen die unabhängige Variable x abgetragen (x-Achse) und an der Ordinate die abhängige Variable y (y-Achse).

Beispiel 2.2: Graphische Darstellung

Die Kostenfunktion $K = 1.000.000 + 400x$ für $0 \leq x \leq 5.000$ hat folgende graphische Abbildung:

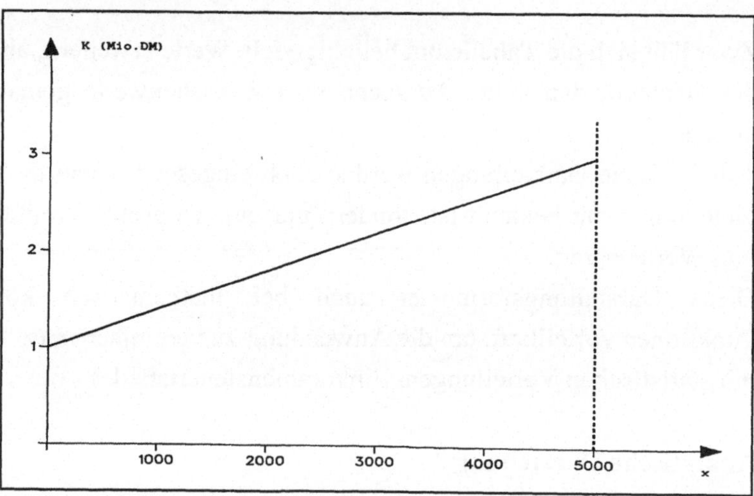

2.3 Umkehrfunktionen

Da bei einer **eineindeutigen Funktion** jedem x genau ein y und jedem y genau ein x zugeordnet wird, ist eine Umkehrung möglich.

Wenn man die Funktionsgleichung $y = 4x$ nach der unabhängigen Variablen auflöst, erhält man die Umkehrfunktion oder Inverse $x = \frac{1}{4} y$

Man schreibt: $x = f^{-1}(y)$

Beispiel 2.3: Umkehrfunktion

$$y = ax + b \qquad x = \frac{1}{a} \cdot y - \frac{b}{a} \quad \text{(für } a \neq 0\text{)}$$

$$y = x^2 \quad (x \geq 0) \qquad x = \sqrt{y}$$

Graphische Bestimmung der Umkehrfunktion

Graphisch läßt sich eine Umkehrfunktion durch die Spiegelung der Funktion und des Koordinatensystems an der 45°- Linie bestimmen.

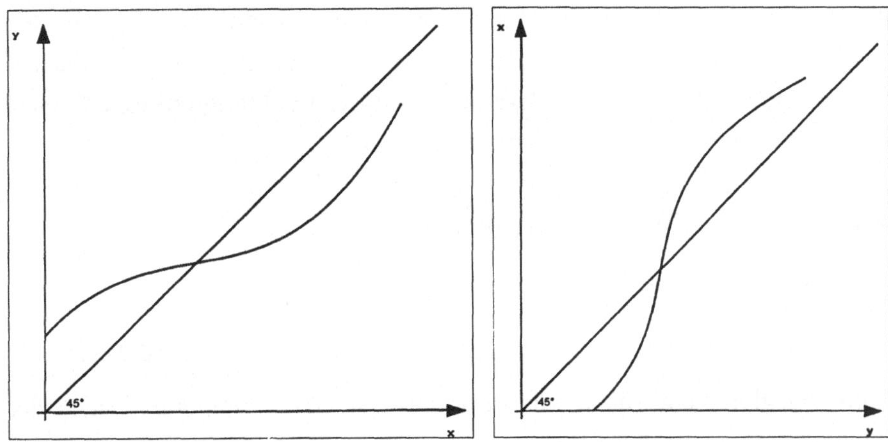

2.4 Lineare Funktionen

Zur Vereinfachung der Berechnung werden sehr viele ökonomische Zusammenhänge durch lineare Funktionen beschrieben.
Die graphische Darstellung einer linearen Funktion ergibt eine Gerade. Die allgemeine Funktionsgleichung einer linearen Funktion lautet:

$$y = mx + b$$

Dabei bedeuten:

      x – unabhängige Variable

      y – abhängige Variable

      b – Schnittpunkt mit der Ordinate, Ordinatenabschnitt
        (y-Achsenabschnitt)

m – Steigung, während des gesamten Verlaufes der Gerade konstant

$$m = \frac{\Delta y}{\Delta x} = \frac{\text{Änderung der abhängigen Variablen}}{\text{Änderung der unabhängigen Variablen}}$$

m > 0 bedeutet eine steigende Gerade

m < 0 bedeutet eine fallende Gerade

m = 0 Parallele zur Abszisse

Um eine lineare Funktion zu zeichnen, genügt es zwei Punkte zu bestimmen. Der erste Punkt könnte zweckmäßigerweise der Ordinatenabschnitt sein, der sich direkt ablesen läßt. Durch Einsetzen eines weiteren x-Wertes in die Funktionsgleichung werden die Koordinaten eines zweiten Punktes ermittelt, der wegen der Zeichengenauigkeit nicht zu nahe am ersten liegen sollte. Mit der Verbindung beider Punkte durch eine Gerade ist die lineare Funktionsgleichung dargestellt.

Aufstellung von Funktionsgleichungen

Wenn eine lineare Funktion zu bestimmen ist, von der nur die Steigung und die Koordinaten eines Punktes $(x_1; y_1)$ bekannt sind, so läßt sich die Funktionsgleichung über die Formel für die Steigung nach der Punktsteigungsform berechnen.

$$\textbf{Punktsteigungsform}: m = \frac{y_1 - y}{x_1 - x}$$

Beispiel 2.4: Punktsteigungsform

Von einer linearen Kostenfunktion ist die Steigung m = 50 und der Punkt (100;10.000) bekannt. Wie lautet die Kostenfunktion? Die abhängige Variable ist hier nicht y, sondern K als Symbol für die Kosten.

Punkt: $x_1 = 100$, $K_1 = 10.000$; Steigung: m = 50

$$50 = \frac{10.000 - K}{100 - x}$$

$$5.000 - 50x = 10.000 - K$$

Die Kostenfunktion lautet: K = 5.000 + 50x

Durch die 2-Punkteform, die auf der Tatsache aufbaut, daß die Steigung einer Geraden überall gleich ist, läßt sich die Funktionsgleichung bestimmen, wenn zwei Punkte bekannt sind.

$$\textbf{2-Punkteform:}\quad \frac{y2 - y1}{x2 - x1} = \frac{y1 - y}{x1 - x}$$

Beispiel 2.5: 2-Punkteform

> Bei der Produktion von 1.000 Einheiten eines Produktes sind Kosten in Höhe von 15.000 DM angefallen. Eine Verminderung der Produktion um 100 Stück verursachte eine Kostenreduktion auf 13.800 DM.
>
> Wie lautet die Kostenfunktion, die als linear angesehen wird?
>
> 2 Punkte sind bekannt:
> $$x_1 = 1.000 \quad K_1 = 15.000$$
> $$x_2 = 900 \quad K_2 = 13.800$$
>
> 2-Punkteform
> $$\frac{13.800 - 15.000}{900 - 1.000} = \frac{15.000 - K}{1.000 - x}$$
>
> $$\frac{-1.200}{-100} = \frac{15.000 - K}{1.000 - x}$$
>
> $$12 \cdot (1.000 - x) = 15.000 - K$$
>
> Die Kostenfunktion lautet: $K = 12x + 3.000$

Welcher der beiden Punkte als Punkt 1 und Punkt 2 definiert wird, spielt für die Berechnung keine Rolle.

Nullstelle

Die Nullstelle x_0 einer Funktion erhält man durch Nullsetzen der Funktion $(y = 0)$ und Auflösen nach x. Für die Funktion $y = \frac{1}{2}x + 5$ bedeutet das:

$$y = 0 \qquad 0 = \frac{1}{2}x + 5 \qquad x_0 = -10$$

Schnittpunktbestimmung

Der Schnittpunkt von zwei Funktionen läßt sich durch Gleichsetzen der Funktionsgleichungen berechnen, da die x- und y-Werte beider Funktionen in diesem Punkt identisch sein müssen. Den Wert für die unabhängige Variable erhält man durch Auflösen nach x. Der zugehörige y-Wert ergibt sich durch Einsetzen des gefundenen x-Wertes in eine der beiden Funktionsgleichungen.

2.5 Ökonomische lineare Funktionen

Zusammenhänge zwischen ökonomischen Variablen sind in der Realität sehr komplex und werden von vielen Einflußgrößen mitbestimmt. Zur Beschreibung dieser Zusammenhänge sind **Funktionen mit mehreren Unabhängigen** heranzuziehen. So ist zum Beispiel die Nachfrage nach einem Produkt nicht nur von dessen Preis abhängig, sondern auch von den Preisen der konkurrierenden Güter und aller anderen Güter, die ein Wirtschaftssubjekt konsumiert. Außerdem spielen das Einkommen und viele weitere Faktoren eine Rolle.
Zur Lösung wirtschaftlicher Fragestellungen durch mathematische Methoden ist es nicht möglich, die Realität in ihrer umfassenden Komplexität zu berücksichtigen. Deshalb wird ein **Modell** (ein vereinfachtes Abbild der Wirklichkeit) erstellt, das die realen Zusammenhänge auf das Wesentliche reduziert.

Häufig unterstellt man für die Bestimmung der Nachfragefunktion, daß alle Faktoren bis auf den Preis des Produktes konstant bleiben (**ceteris paribus Bedingung**), so daß nur noch **eine unabhängige Variable** in die Berechnung eingeht. Eine weitere Vereinfachung erfolgt dadurch, daß häufig **lineare Funktionen** verwendet werden, auch wenn die Beziehungen zwischen zwei wirtschaftlichen Größen nur annähernd linear verlaufen oder nur in einem bestimmten Intervall eine konstante Steigung haben.

Nachfrage- und Angebotsfunktion

Die **Nachfragefunktion** bzw. **Preisabsatzfunktion** gibt die Abhängigkeit zwischen der nachgefragten Menge eines bestimmten Gutes und seinem Preis an.

Wenn man von einigen Besonderheiten absieht (Preis-Qualitäts-Effekt bei Luxusgütern mit prestigevermittelndem Preis), ist es plausibel, daß die nachgefragte Menge steigt, wenn der Preis sinkt, und umgekehrt. Die Preisabsatzfunktion hat demnach eine negative Steigung.

In den Wirtschaftswissenschaften ist es üblich, den Preis an der Ordinate und die Menge an der Abszisse abzutragen. Die **Nachfragefunktion** wird demgemäß so dargestellt, daß der Preis der abhängigen und die Menge der unabhängigen Variablen entspricht. Man betrachtet also die Umkehrfunktion, die die Abhängigkeit des Preises von der Nachfragemenge angibt $p = f(x)$.

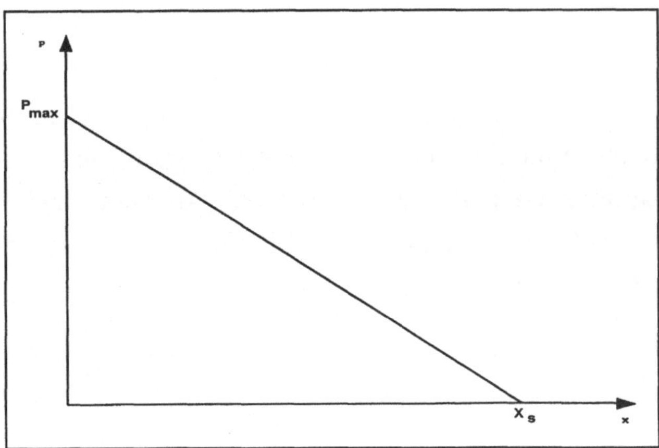

Der Ordinatenabschnitt b - der Schnittpunkt mit der Ordinate - gibt den maximalen Preis p_{max} für das Gut an, bei dem die Nachfrage Null wird.

Die Nullstelle x_s zeigt die Sättigungsgrenze an. Selbst wenn der Preis des Produktes auf Null gesenkt wird, überschreitet die nachgefragte Menge nicht den Wert x_s.

Die **Angebotsfunktion** gibt die Abhängigkeit der angebotenen Menge eines Gutes von dem dafür verlangten Preis an. Je höher der Verkaufspreis, desto mehr sind die Hersteller bereit zu produzieren. Mit steigenden Preisen wird also auch die angebotene Menge zunehmen. Die Angebotsfunktion hat eine positive Steigung.

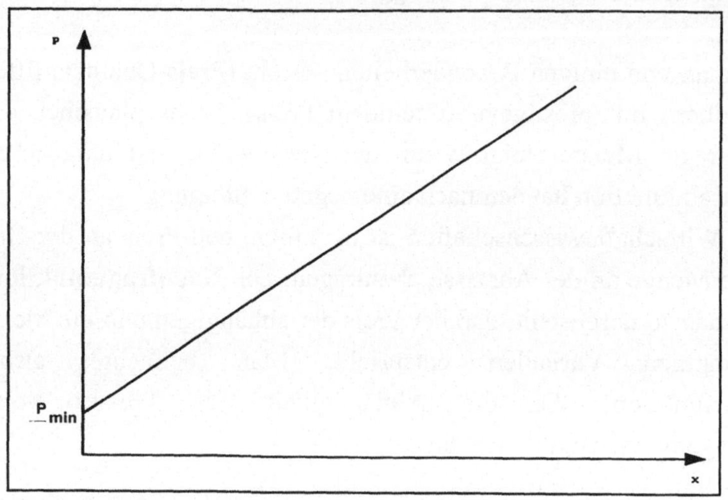

Der Ordinatenabschnitt b gibt hier den minimalen Preis p_{min} an. Bei diesem Preis ist das Angebot gleich Null. Erst bei steigenden Preisen sind die Produzenten bereit, mehr und mehr Produkte anzubieten.

Das **Marktgleichgewicht**, bei dem sich Angebot und Nachfrage ausgleichen, läßt sich graphisch ermitteln, wenn Nachfrage- und Angebotsfunktion in ein Koordinatensystem gezeichnet werden.

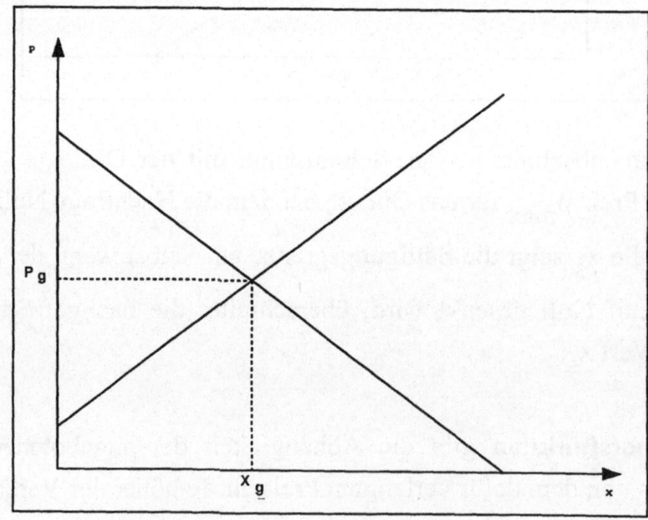

Das Marktgleichgewicht ist erreicht, wenn das Angebot mit der Nachfrage übereinstimmt. Graphisch entspricht das Gleichgewicht dem Schnittpunkt der beiden Funktionen. (p_g = Gleichgewichtspreis, x_g = -menge)

Beispiel 2.6: Marktgleichgewicht

Auf dem Markt für ein bestimmtes Produkt gilt ein Maximalpreis von 500 DM und eine Sättigungsmenge von 200 Stück. Der Mindestpreis ist 100 DM und die Steigung der Angebotsfunktion beträgt 1,5.

a) Bestimmen Sie die Nachfrage- und Angebotsfunktion, die beide einen linearen Verlauf haben sollen.

b) Bestimmen Sie Gleichgewichtspreis und -menge graphisch und analytisch.

c) Welche Folge hat eine staatliche Festlegung des Preises auf 200 DM für Nachfrage und Angebot?

a) Nachfragefunktion

$$\text{2-Punkteform:} \quad \frac{0-500}{200-0} = \frac{500-p}{0-x} \qquad p = 500 - 2{,}5x$$

Angebotsfunktion

$$\text{Punktsteigungsform:} \quad 1{,}5 = \frac{100-p}{0-x} \qquad p = 1{,}5x + 100$$

b)

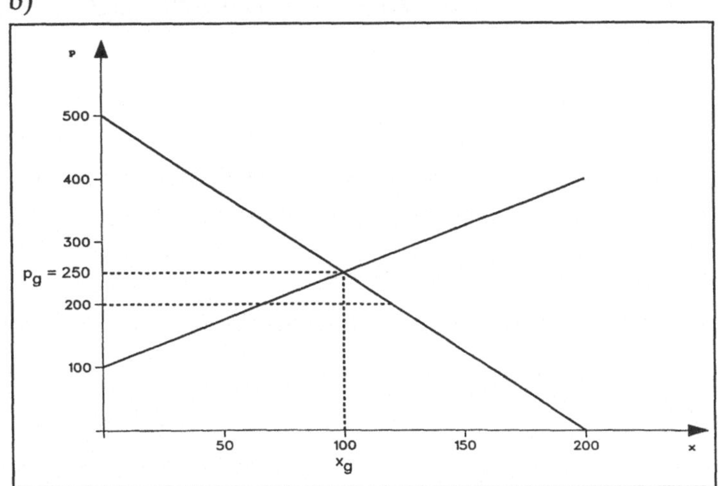

$$500 - 2,5x = 1,5x + 100$$

$$x_g = 100 \quad p_g = 250$$

c) Bei einem Preis von 200 DM ist die Nachfrage größer als das Angebot, wie die Abbildung zeigt.

nachgefragte Menge x_n: $200 = 500 - 2,5x_n$ $x_n = 120$

angebotene Menge x_a: $200 = 1,5x_a + 100$ $x_a = 66,67$

Es besteht ein Nachfrageüberhang von ca. 53 Stück.

Kostenfunktion

Die Kostenfunktion eines Unternehmens zeigt den Zusammenhang zwischen den gesamten Kosten K in einer Periode und der in dieser Zeit produzierten Menge x eines Produktes auf. Mit zunehmender Produktionsmenge werden auch die Kosten zunehmen. Der Funktionsverlauf hängt von dem zugrunde liegenden Produktionsverfahren ab, so daß sich im konkreten Fall verschiedene Kurvenformen ergeben.

Im einfachsten Fall wird eine **lineare** Kostenfunktion auftreten. Bei linearen Funktionen ist die Steigung konstant, das heißt die Zusatzkosten für die Produktion einer zusätzlichen Einheit sind immer gleich .

Die Gesamtkosten K(x) setzen sich zusammen aus den Fixkosten K_f und den variablen Kosten K_V, die sich durch Multiplikation der variablen Stückkosten k_V mit der Produktionsmenge x errechnen.

Die Funktionsgleichung in ihrer allgemeinen Form lautet für die lineare Kostenfunktion: $K(x) = K_f + K_V = K_f + k_V \cdot x$

Dabei bedeuten:

$K(x)$ = Gesamtkosten, abhängig von der Produktionsmenge x

K_f = Fixkosten, unabhängig von der Produktionsmenge x

K_V = variable Kosten, abhängig von x

k_V = variable Stückkosten, Steigung der Geraden

x   = Produktionsmenge, unabhängige Variable

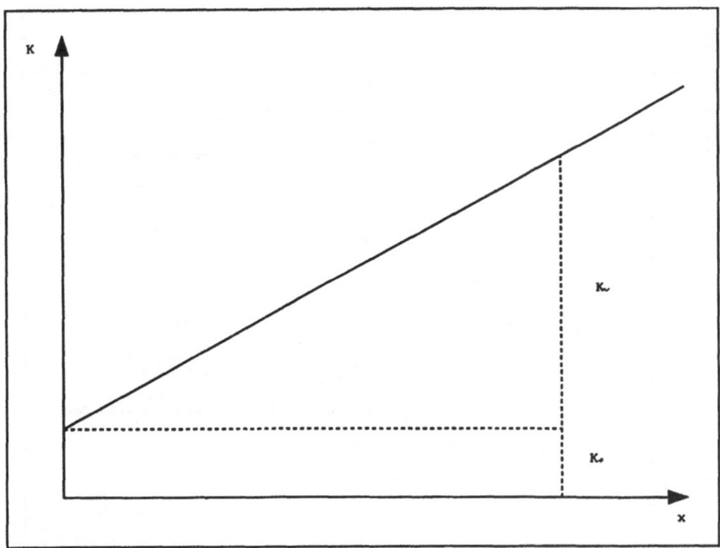

Umsatzfunktion

Durch Multiplikation von Preis und Menge ergibt sich der Umsatz, der somit von zwei unabhängigen Variablen abhängt: $U(x,p) = p \cdot x$

Der Preis ist durch die Preisabsatzfunktion aber wieder eine Funktion der Menge, so daß die Umsatzfunktion letztlich nur die Menge als unabhängige Variable hat.

Für viele Unternehmen ist der Preis jedoch eine konstante Größe. Sie haben einen zu geringen Marktanteil, um den Preis beeinflussen zu können. Diese Unternehmen werden **Mengenanpasser** genannt, da sie ihren Umsatz nicht durch den Preis sondern nur durch die abgesetzte Menge verändern können: $U(x) = p \cdot x \qquad p = const$

Gewinnfunktion

Die Differenz von Umsatz und Kosten stellt den Gewinn eines Unternehmens dar: $G(x) = U(x) - K(x)$

Graphisch läßt sich die Gewinnfunktion ebenfalls durch die Differenz der Umsatz- und Kostenfunktion darstellen.

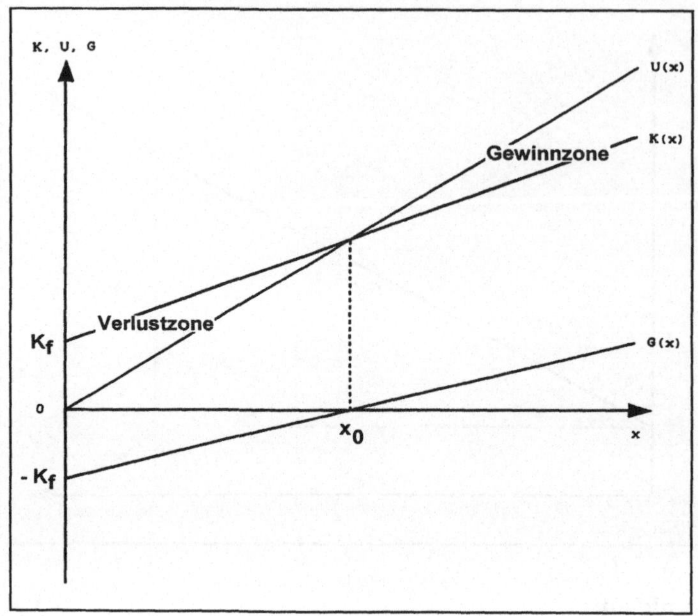

Wenn die Kosten größer als der Umsatz sind, ist der Gewinn negativ. Das Unternehmen befindet sich in der Verlustzone. In dem Punkt, in dem sich Umsatz- und Kostenfunktion schneiden, ist der Gewinn Null. Das Unternehmen hat die **Gewinnschwelle** erreicht.

Bei höheren Stückzahlen wird ein positiver Gewinn erzielt (Gewinnzone).

<u>Übungsaufgabe zum 2. Kapitel</u>

Aufgabe 2.1:

Ein Unternehmen hat Fixkosten in Höhe von 1.000 DM und variable Stückkosten in Höhe von 1,50 DM. Maximal können 1.500 Einheiten produziert werden. Der Marktpreis beträgt 2,50 DM.

a) Ermitteln Sie graphisch und analytisch die Gewinnschwelle.

b) Welche Folgen hat eine Senkung des erzielten Preises auf die Hälfte?

2.6 Nichtlineare Funktionen und ihre ökonomische Anwendung

2.6.1 Parabeln

In einer **Parabel 2. Grades** ist die unabhängige Variable in der 2. Potenz enthalten, sie sind spiegelsymmetrisch zur Achse durch den Extremwert.

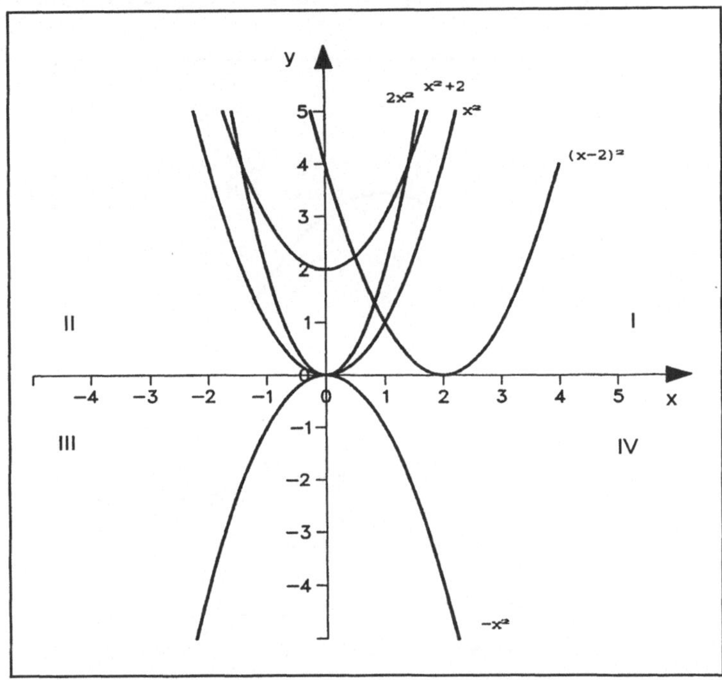

$y = x^2$ ist die Normalparabel. Sie ist achsensymmetrisch zur Ordinate.

$y = -x^2$ ist eine nach unten geöffnete Parabel.

$y = a \cdot x^2$ ist für $|a| > 1$ eine gegenüber der Normalparabel gestreckte, für $|a| < 1$ ist sie gestaucht.

$y = x^2 + a$ ist eine auf der y-Achse verschobene Normalparabel (a > 0: Verschiebung nach oben)

$y = (x - a)^2$ ist eine auf der x-Achse verschobene Normalparabel (a > 0: Verschiebung nach rechts)

Beispiel 2.7: **Parabel**

Einem Unternehmen ist die Preisabsatzfunktion für sein Produkt bekannt: $p(x) = 80 - 4x$

Die Umsatzfunktion läßt sich durch Multiplikation dieser Funktion mit x ermitteln.

$$U(x) = p \cdot x = (80 - 4x) \cdot x = 80x - 4x^2$$

Graphische Darstellung von Preisabsatz- und Umsatzfunktion:

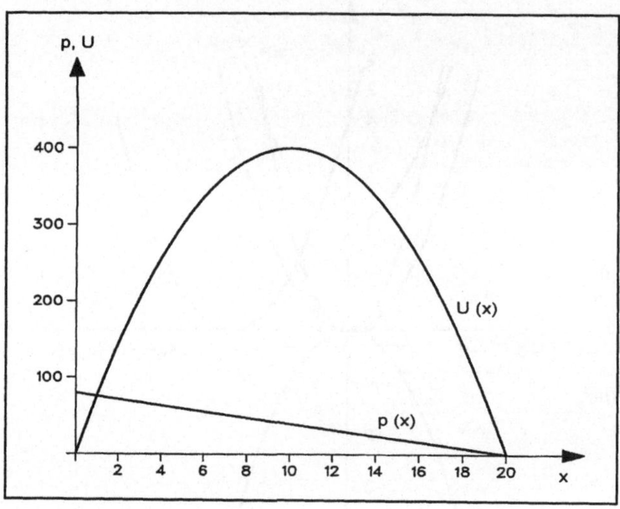

In einer **Parabel 3. Grades** ist die unabhängige Variable in der 3. Potenz enthalten. Die Funktion verläuft punktsymmetrisch zum Ursprung.

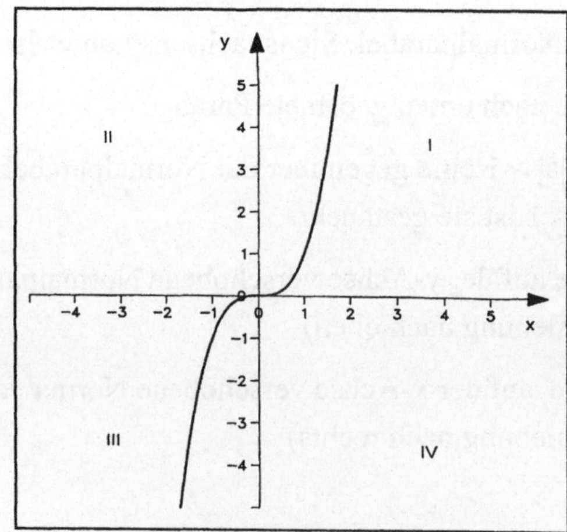

24

Die in der Praxis häufig anzutreffende S-förmige Kostenfunktion entspricht mathematisch einer Variante von Parabeln 3. Grades.

Beispiel 2.8: Parabel

Graphische Darstellung der Kostenfunktion:

$$K(x) = x^3 - 25x^2 + 250x + 1000$$

x	0	2	4	6	8	10	12	14	16	18	20
K	1000	1408	1664	1816	1912	2000	2128	2344	2696	3232	4000

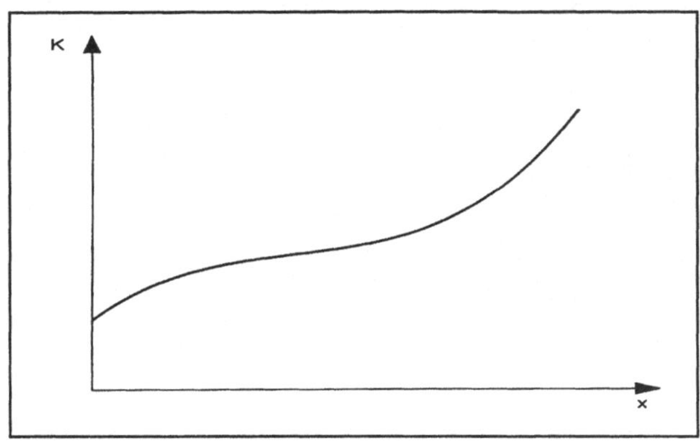

Parabeln höherer Ordnung verlaufen ähnlich den Parabeln 2.Grades, wenn sie eine gerade Hochzahl haben, und ähnlich den Parabeln 3. Grades, wenn die Hochzahl ungerade ist.

Beispiel 2.9: Ökonomische Funktionen

Ein Unternehmen hat für die Herstellung seines Produktes eine Kostenfunktion mit progressiver Steigung ermittelt:

$$K(x) = \frac{1}{4} x^2 + 20x + 3255$$

Die Preisabsatzfunktion lautet: $p(x) = 590 - 14{,}75\,x$

a) Ermitteln Sie die Umsatz- und Gewinnfunktion und zeichnen Sie beide mit der Kostenfunktion in ein Koordinatensystem.

b) Bei welcher Stückzahl wird die Gewinnschwelle erreicht, und welcher Preis muß dafür verlangt werden?

c) Bei welcher Absatzmenge wird ein maximaler Gewinn erzielt, und wie hoch ist er?

a) $U(x) = 590x - 14{,}75x^2$

$G(x) = -15x^2 + 570x - 3.255$

Die Nullstellen der Umsatzfunktion begrenzen den relevanten Bereich. Sie lauten: $x_1 = 0$ $x_2 = 40$

X	0	10	20	30	40
U	0	4.425	5.900	4.425	0
K	3.255	3.480	3.755	4.080	4.455
G	-3.255	945	2.145	345	-4.455

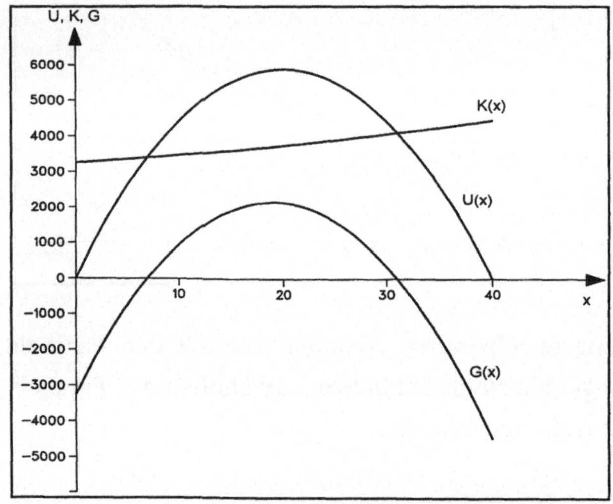

b) $G(x) = 0$ $x_1 = 7$ $x_2 = 31$

Bei 7 Einheiten wird die Gewinnschwelle erreicht. Der Preis bei dieser abgesetzten Menge ist aus der Preisabsatzfunktion ablesbar: $p(7) = 486{,}75$ DM

c) Die Gewinnfunktion stellt eine nach unten geöffnete Parabel dar, die ihr Maximum wegen der Symmetrie in der Mitte zwischen den beiden Nullstellen annimmt:

$x = 19$ $G(19) = 2.160$ DM

2.6.2 Hyperbeln

Die einfachste Form einer Hyperbel ist die Funktion: $f(x) = \dfrac{1}{x} = x^{-1}$

Diese Funktion ist an der Stelle $x = 0$ nicht definiert, da die Division durch Null nicht erlaubt ist. Durch das Einsetzen einiger Werte ist sehr schnell zu erkennen, daß y gegen Null geht, wenn x gegen Unendlich strebt. Wenn x immer kleiner wird und sich von rechts der Null nähert, geht der Funktionswert gegen Unendlich. Wie die Abbildung verdeutlicht, ist der Verlauf im negativen Bereich ähnlich.

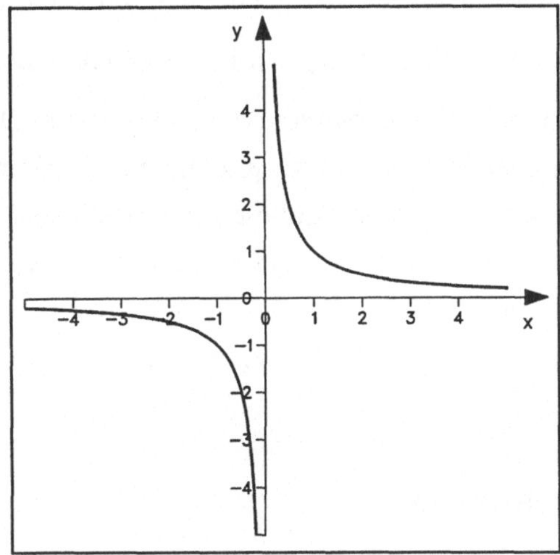

Hyperbeln werden in den Wirtschaftswissenschaften beispielsweise benötigt, wenn neben den Gesamtkosten auch die Stückkosten analysiert werden sollen. Die Stückkosten k (oder Durchschnittskosten) werden durch Division der Gesamtkosten K durch die Stückzahl x errechnet.

$$k = \frac{K}{x}$$

Beispiel 2.10: Hyperbel

Ein Unternehmen hat folgende lineare Kostenfunktion für seine Produktion festgestellt: $K(x) = 1.000 + 250 \cdot x$

Die Stückkostenfunktion stellt eine Hyperbel dar und lautet:

$$k(x) = \frac{1.000}{x} + 250$$

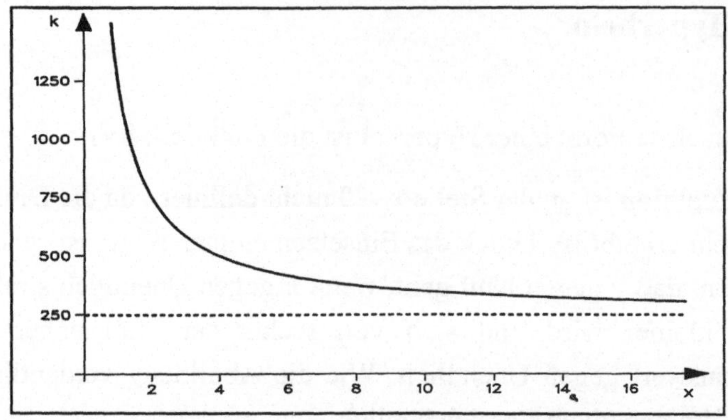

Die Kostenfunktion besteht aus den Fixkosten $K_f = 1000$ und den variablen Kosten $(k_v \cdot x)$. In der Stückkostenfunktion sind die variablen Stückkosten unabhängig von x. Der Fixkostenblock dagegen kann mit zunehmendem x auf immer mehr Einheiten verteilt werden, und die fixen Stückkosten sinken somit. Die Stückkosten werden dadurch immer geringer und nähern sich asymptotisch der Parallelen zur x-Achse im Abstand 250, der den variablen Stückkosten entspricht.

2.6.3 Wurzelfunktionen

Funktionen, in denen die unabhängige Variable x unter einem Wurzelzeichen steht, werden Wurzelfunktionen genannt: $f(x) = \sqrt[n]{x} = x^{\frac{1}{n}}$

Wurzelfunktionen ergeben sich durch die Berechnung von Umkehrfunktionen aus Potenzfunktionen, wobei der zulässige Bereich für x häufig eingeschränkt werden muß, damit eine eindeutige Zuordnungsvorschrift gegeben ist.

In den Wirtschaftswissenschaften eignen sich Wurzelfunktionen zur Darstellung von Kostenfunktionen mit einer degressiven Steigung.

Beispiel 2.11: Wurzelfunktion

Ein Unternehmen, das nur ein Produkt herstellt, hat aufgrund seines Produktionsverfahrens folgende Kostenfunktion ermittelt

$$K(x) = 500 + 100 \cdot \sqrt[4]{x}$$

x	0	20	40	60	80	100
K(x)	500	711,47	751,49	778,07	799,32	816,23

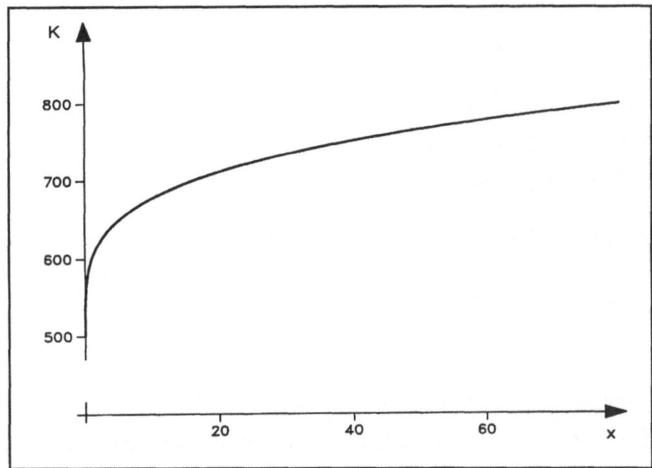

2.6.4 Exponentialfunktionen

Exponentialfunktionen sind dadurch gekennzeichnet, daß die unabhängige Variable im Exponenten steht. Allgemein hat eine Exponentialfunktion die Funktionsform: a^x und $a > 0$

Aus der Bedingung $a > 0$ folgt, daß die Exponentialfunktion oberhalb der x-Achse verläuft, wobei alle Exponentialfunktionen die y-Achse bei $y = 1$ schneiden. Der Ordinatenabschnitt ist immer 1, da $a^0 = 1$ definiert ist.

Exponentialfunktionen werden in den Wirtschaftswissenschaften vor allem als Wachstumsfunktionen verwendet. In der Statistik spielt die exponentielle Trendfunktion für die Beschreibung volkswirtschaftlicher und demographischer Prozesse eine wichtige Rolle. Ein weiteres, wichtiges Anwendungsgebiet stellt die Finanzmathematik dar, wenn das Wachstum eines zu stetigen Zinsen angelegten Kapitals analysiert wird.

2.6.5 Logarithmusfunktionen

Durch die Umkehrung der Exponentialfunktion ergibt sich die Logarithmusfunktion, die nur für positives x definiert ist:

$$y = a^x \qquad (a > 0)$$
$$x = \log_a y$$

Der graphische Verlauf läßt sich durch die Spiegelung der Exponentialfunktion an der 45°-Linie verdeutlichen.

Für die praktische Anwendung sind zwei Logarithmusfunktionen relevant

– der Logarithmus zur Basis 10 $f(x) = \log_{10} x = \lg x$

– der Logarithmus zur Basis e (e = 2,71828..), der der natürliche
   Logarithmus genannt wird $f(x) = \log_e x = \ln x$

Die ökonomische Anwendung der Logarithmusfunktionen liegt vor allem in der Umformung von Exponentialfunktionen, wie sie beispielsweise in der Finanzmathematik benötigt werden.

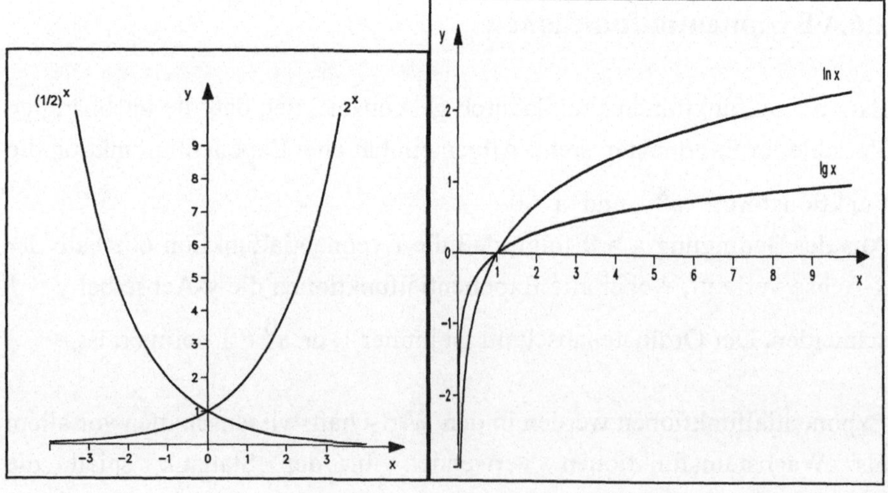

3. Funktionen mit mehreren unabhängigen Variablen

3.1 Begriff

In dem letzten Kapitel wurden Zusammenhänge zwischen ökonomischen Größen vereinfachend durch Funktionen mit nur einer unabhängigen Variablen beschrieben. Um einen ökonomischen Prozess, der durch Interdependenzen zwischen mehreren Größen gekennzeichnet ist, realistischer beschreiben zu können, sind Funktionen mit mehreren Veränderlichen heranzuziehen.

Eine wirklichkeitsgetreue Abbildung von ökonomischen Beziehungen durch ein mathematisches Modell ist wegen der vielfältigen und oftmals nicht meßbaren Wirkungszusammenhänge nicht möglich. Zwangsläufig wird man sich auf die einflußreichsten wirtschaftlichen Größen (**unabhängige Variablen**) beschränken müssen, die zu einer ausreichend genauen Beschreibung der Problemstellung notwendig sind. Die Statistik hält mit der Regressionsanalyse ein Verfahren zur Ermittlung von beeinflussenden Variablen bereit, die einen starken Einfluß auf die zu berechnende Größe haben.

3.2 Graphische Darstellung

3.2.1 Grundlagen

Die graphische Darstellung von Funktionen mit zwei unabhängigen Variablen wird in den Wirtschaftswissenschaften häufig genutzt, um eine anschauliche Übersicht über die Form von ökonomischen Zusammenhängen zu gewinnen. Mehr als drei Veränderliche lassen sich allerdings graphisch nicht darstellen.

Zur graphischen Darstellung einer Funktion mit zwei unabhängigen Variablen (x und y) und einer Abhängigen (z) bedarf es bereits eines Koordinatensystems mit drei Achsen.

Jeder Punkt der Funktion $z = f(x,y)$ ist durch drei Koordinaten $(x;y;z)$ festgelegt. Die x-, y- und z-Achse stehen senkrecht aufeinander und stellen somit einen (dreidimensionalen) Raum dar, der durch die Koordinaten Länge, Breite und Höhe bestimmt wird.

Die graphische Darstellung einer Funktion $z = f(x,y)$ ergibt eine Fläche im Raum. Eine Fläche im Raum ist nicht zeichenbar; es ist lediglich möglich, einen Raum perspektivisch in der Ebene darzustellen. Eine solche Abbildung ist nicht verzerrungsfrei, aber durch geschickte Anordnung der Achsen lassen sich Funktionen so skizzieren, daß der Zusammenhang anschaulich wiedergegeben wird.

Beispiel 3.1: Punkt im x-y-z-Koordinatensystem

Graphische Darstellung des Punktes (4;3;2) im x-y-z-Koordinatensystem

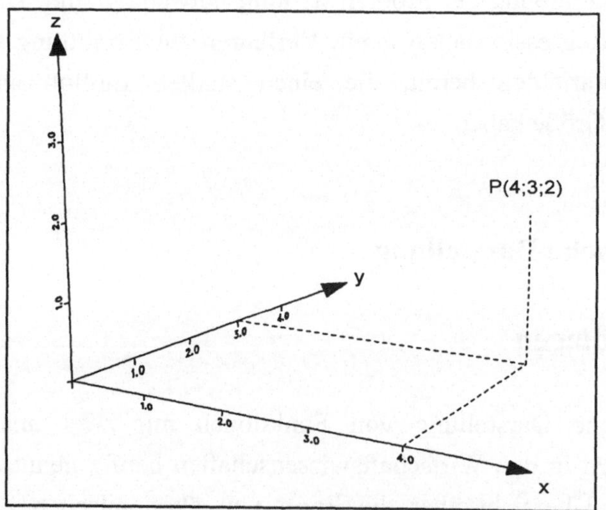

Der Punkt (4;3;2) wird gezeichnet, indem man bei x = 4 eine Parallele zur y-Achse und bei y = 3 eine Parallele zur x-Achse zeichnet und deren Schnittpunkt bestimmt. Von diesem Schnittpunkt aus wird eine Parallele zur z-Achse mit der Höhe z = 2 abgetragen. Dadurch ist der Punkt im dreidimensionalen Raum perspektivisch dargestellt.

3.2.2 Lineare Funktionen mit zwei unabhängigen Variablen

Die linearen Funktionen mit drei Veränderlichen lassen sich relativ leicht zeichnen und rechnerisch handhaben, so daß sie in der praktischen Anwendung besonders häufig herangezogen werden.

Allgemeine Funktionsgleichung einer linearen Funktion mit drei Veränderlichen: $z = f(x, y) = ax + by + c$

Das Bild dieser Funktion stellt eine Ebene im Raum dar.

Beispiel 3.2: Funktion im x-y-z-Koordinatensystem

Graphische Darstellung der Funktion $z = 6 - 2x - y$

Eine Ebene im Raum ist durch drei Punkte festgelegt. Diese drei Punkte sollten zweckmäßigerweise die Schnittpunkte mit den drei Koordinatenachsen sein. In den Schnittpunkten mit den Achsen nehmen zwei Variablen den Wert Null an; nur die Variable, deren Achse geschnitten wird, hat einen anderen Wert.

Schnittpunkt mit z-Achse: $x = 0, y = 0, z = 6$

Schnittpunkt mit x-Achse: $y = 0, z = 0, x = 3$

Schnittpunkt mit y-Achse: $x = 0, z = 0, y = 6$

Die Schnittpunkte werden in das Koordinatensystem eingetragen und durch Geraden verbunden.

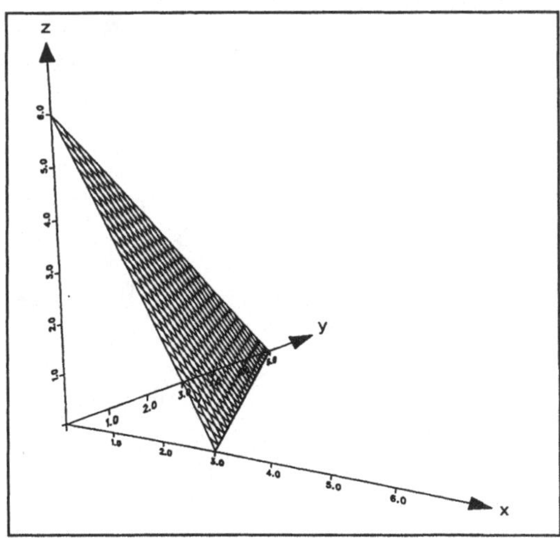

Durch eine Schraffur läßt sich die Funktionsfläche hervorheben. Diese schraffierte Fläche stellt nur einen Teil der Funktionsebene dar, die sich in alle Richtungen unendlich fortsetzt. Man sieht hier nur den Teil der Fläche, für den alle drei Variablen positive Werte annehmen.

3.2.3 Nichtlineare Funktionen mit zwei unabhängigen Variablen

Die graphische Darstellung nichtlinearer Funktionen ist erheblich komplizierter, da sich gekrümmte Flächen im dreidimensionalen Raum ergeben, die sich nur durch Hilfslinien veranschaulichen lassen. Neben den Schnittkurven der Funktionsfläche mit den drei Koordinatenebenen werden weitere Schnittkurven mit verschiedenen Parallelflächen zu den Koordinatenebenen gezeichnet. Bei geschickter Wahl der gezeichneten Schnittkurven kann eine sehr anschauliche perspektivische Darstellung entstehen.

In der Abbildung bietet es sich an, zusätzlich Schnittkurven parallel zur x-y-Ebene einzutragen, um den Verlauf der Funktionsfläche zu verdeutlichen. Diese Schnitte parallel zur x-y-Ebene sind dadurch charakterisiert, daß z einen konstanten Wert annimmt, der dem Abstand der Schnittkurve von der Ebene entspricht.

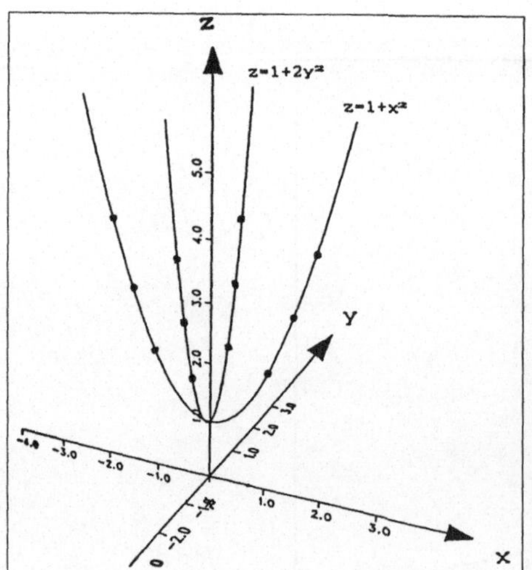

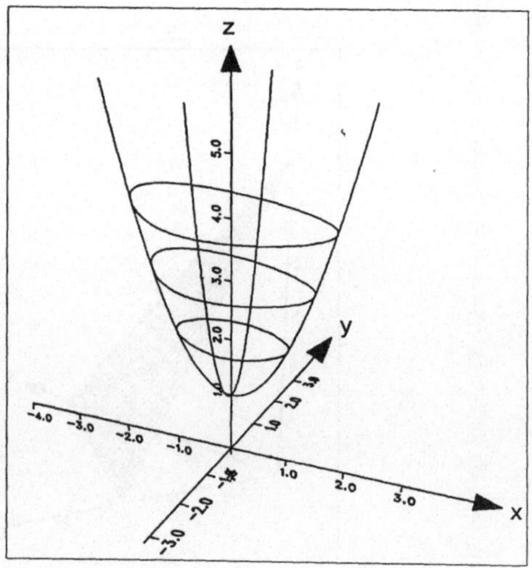

Für die Veranschaulichung ökonomischer Zusammenhänge ist diese Form der Darstellung nicht immer zweckmäßig. Es reicht zur Lösung vieler wirtschaftlicher Probleme aus, nur die Schnittkurven mit Parallelflächen zur x-y-Ebene zu betrachten. Diese Schnittkurven werden auf die x-y-Ebene projiziert. Jede Schnittkurve beinhaltet alle Punkte der Funktionsfläche, die von der x-y-Ebene den gleichen Abstand bzw. die gleiche Höhe haben (z = const.). Man bezeichnet diese Schnittkurven als **Isohöhenlinien**.

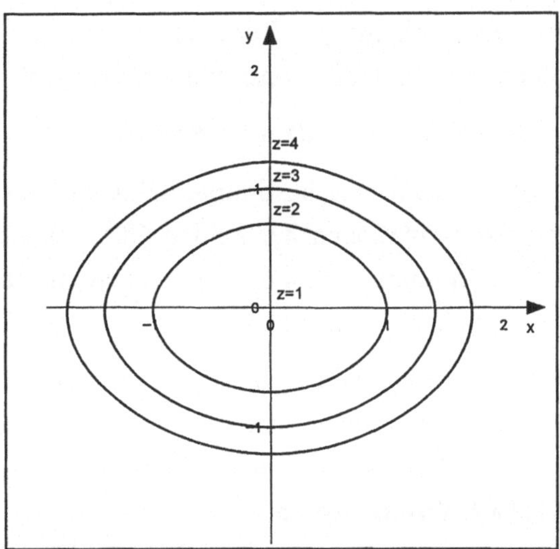

Isohöhenlinien sind aus der Geographie bekannt. Sie stellen auf einer Landkarte alle Punkte mit der gleichen Höhe dar (Höhenlinie). Von Wetterkarten kennt man die Isobaren, die Punkte mit gleichem Luftdruck verbinden.

<u>Übungsaufgabe zum 3. Kapitel</u>

Aufgabe 3.1:

Gegeben sei die Funktion $z = 20 - 4x - 5y$

a) Skizzieren Sie die Funktionsfläche.

b) Berechnen Sie die Schnittgeraden mit den Koordinatenebenen und zeichnen Sie sie in zweidimensionale Koordinatensysteme.

c) Berechnen Sie die Isohöhenlinien für $z = 0$, $z = 20$, $z = 40$ und zeichnen Sie sie in ein zweidimensionales Koordinatensystem.

3.3 Ökonomische Anwendungen

Nutzenfunktion

In einer Nutzenfunktion wird der durch den Konsum von Gütern gestiftete Nutzen für ein Wirtschaftssubjekt durch eine Funktion beschrieben. Wenn man die Nutzenfunktion für zwei Güter betrachtet, so kann der Nutzen y, den ein Wirtschaftssubjekt durch eine Bedürfnisbefriedigung aus den Gütern bezieht, als abhängige Variable betrachtet werden. Die unabhängigen Variablen sind die konsumierten Mengen x_1 und x_2 der

Güter 1 und 2: $\quad y = f(x_1, x_2)$ **Nutzenfunktion**

Das Wirtschaftssubjekt kann ein bestimmtes Nutzenniveau durch unterschiedliche Mengenkombinationen der beiden Güter erreichen. Für diese Kombinationen x_1, x_2 mit einem bestimmten Nutzen gilt: $f(x_1, x_2) = \text{const}$

Wenn eine Nutzenfunktion **graphisch** dargestellt wird, entsprechen die Kurven, die Mengenkombinationen mit konstantem Nutzen angeben, den Isohöhenlinien. Bei der Analyse von Nutzenfunktionen bezeichnet man die Isohöhenlinien als **Indifferenzkurven**.

Gegenüber den Mengenkombinationen auf einer Indifferenzkurve verhält sich das Wirtschaftssubjekt indifferent. Eine Mengenkombination auf einem höheren Nutzenniveau wird dagegen bevorzugt, da sie eine höhere subjektive Bedürfnisbefriedigung bietet.

Beispiel 3.3: Indifferenzkurven

Ein Studienabsolvent hat die Wahl zwischen verschiedenen Stellenangeboten. Die Attraktivität einer beruflichen Position bemißt er nach zwei Faktoren:

- monatliches Gehalt (x_1)

- Anzahl der Urlaubstage im Jahr (x_2)

Der Nutzen ist eine Funktion von x_1 und x_2: $y = f(x_1, x_2)$

Der Absolvent bewertet z. B. folgende Mengenkombinationen als gleichwertig:

- Gehalt 2.500 DM und 40 Tage Urlaub
- Gehalt 3.000 DM und 30 Tage Urlaub
- Gehalt 5.000 DM und 20 Tage Urlaub

Er bevorzugt natürlich eine Position mit:
- Gehalt 5.000 DM und 30 Tage Urlaub
- Gehalt 2.500 DM und 60 Tage Urlaub

Einen noch größeren Nutzen hätte:
- Gehalt 6.000 DM und 40 Tage Urlaub
Durch diese Mengenkombinationen werden weitere Indifferenzkurven festgelegt, die auf einem höheren Niveau liegen und einen höheren Nutzen bewirken.

Der Absolvent wird versuchen, ein möglichst hohes Nutzenniveau zu erreichen, also eine möglichst weit vom Koordinatenursprung entfernt liegende Indifferenzkurve, wobei ihm die Mengenkombination auf einer bestimmten Indifferenzkurve gleichgültig ist.
Der Absolvent erhält die drei folgenden Stellenangebote:
Angebot A: Gehalt 5.500 DM und 25 Tage Urlaub
Angebot B: Gehalt 2.500 DM und 40 Tage Urlaub
Angebot C: Gehalt 4.500 DM und 35 Tage Urlaub
Er wird aufgrund der Abbildung Angebot C wählen.

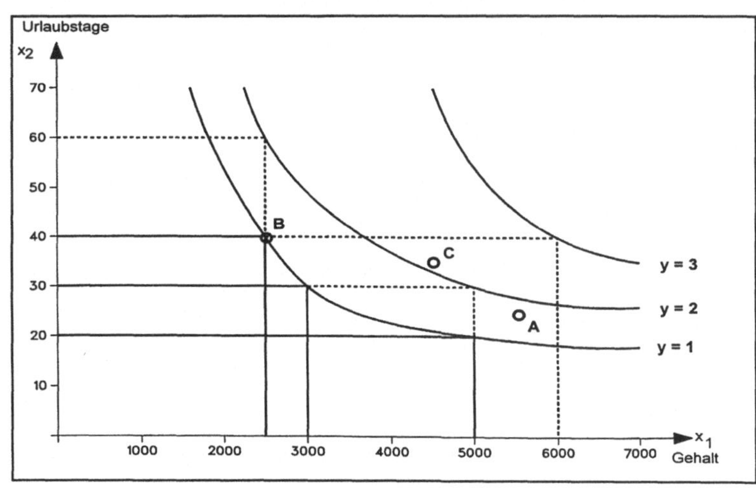

<u>Übungsaufgaben zum 3. Kapitel</u>

Aufgabe 3.2:

In einem Unternehmen ist die Produktionsfunktion für den Zusammenhang zwischen der Produktionsmenge und den zwei eingesetzten Produktionsfaktoren bekannt: $y = f(x_1, x_2)$

Wie läßt sich daraus die Isoquante (Isohöhenlinie) für bestimmte Mengen y ermitteln? Geben Sie den graphischen und analytischen Lösungsweg an.

Aufgabe 3.3:

Ein Monopolist bietet ein Produkt in zwei unterschiedlichen Varianten an. Die Nachfragefunktion, die von den Preisen beider Produktvarianten (p_1, p_2) abhängt, lautet: $x = 400 - 8p_1 + 10p_2$

Die Preise können nur innerhalb bestimmter Grenzen verändert werden:
$$3 \leq p_1 \leq 8 \quad \text{und} \quad 2 \leq p_2 \leq 7$$
Stellen Sie die Nachfragefunktion graphisch dar.

4. Differentialrechnung bei Funktionen mit einer unabhängigen Variablen

4.1 Problemstellung

Bei vielen ökonomischen Funktionen interessiert es nicht nur, welche Werte eine Funktion annimmt, sondern auch, wie rasch diese ab- oder zunehmen, das heißt wie stark die Funktion steigt oder fällt.

4.2 Differenzierungsregeln

4.2.1 Ableitung elementarer Funktionen

Potenzregel: $f(x) = x^n \quad f'(x) = n \cdot x^{n-1}$

Beispiel 4.1: Potenzregel

$$f(x) = x^4 \qquad f'(x) = 4 \cdot x^{4-1} = 4x^3$$

$$f(x) = \frac{1}{x} = x^{-1} \qquad f'(x) = (-1) \cdot x^{-2} = -\frac{1}{x^2}$$

$$f(x) = \sqrt{x} = x^{\frac{1}{2}} \qquad f'(x) = \frac{1}{2} x^{-\frac{1}{2}} = \frac{1}{2 \cdot \sqrt{x}}$$

$$f(x) = \sqrt[5]{x^6} = x^{\frac{6}{5}} \qquad f'(x) = \frac{6}{5} x^{\frac{1}{5}} = \frac{6 \cdot \sqrt[5]{x}}{5}$$

Konstantenregel: $f(x) = a \cdot x^n \quad f'(x) = n \cdot a \cdot x^{n-1}$

Beispiel 4.2: Konstantenregel

$$f(x) = 3 \cdot x^2 \qquad f'(x) = 2 \cdot 3 \cdot x = 6x$$

$$f(x) = 3 \cdot \sqrt{x} \qquad f'(x) = \frac{3}{2 \cdot \sqrt{x}}$$

$$f(x) = c = c \cdot x^0 \qquad f'(x) = c \cdot 0 \cdot x^{-1} = 0$$

Die Ableitung einer Konstanten ist stets 0.

Logarithmusfunktion:

$$f(x) = \ln x \qquad f'(x) = \frac{1}{x}$$

Exponentialfunktion zur Basis e:

$$f(x) = e^x \qquad f'(x) = e^x$$

4.2.2 Differentiation verknüpfter Funktionen

Summenregel

$$f(x) = g_1(x) \pm g_2(x)$$
$$f'(x) = g_1'(x) \pm g_2'(x)$$

Beispiel 4.3: Summenregel

$$f(x) = 5x^4 + \ln x \qquad f'(x) = 20x^3 + \frac{1}{x}$$

Produktregel

$$f(x) = g_1(x) \cdot g_2(x)$$
$$f'(x) = g_1'(x) \cdot g_2(x) + g_1(x) \cdot g_2'(x) = g_1' \cdot g_2 + g_1 \cdot g_2'$$

Diese Regel wird angewandt, wenn eine Funktion f aus einem Produkt zweier leicht zu differenzierenden Funktionen besteht.

Beispiel 4.4: Produktregel

$$f(x) = x^6 \, e^x$$
$$g_1(x) = x^6 \qquad g_1'(x) = 6x^5$$
$$g_2(x) = e^x \qquad g_2'(x) = e^x$$
$$f'(x) = 6x^5 \, e^x + x^6 \, e^x = e^x \, (6x^5 + x^6)$$

$$f(x) = (4 - 2x^2)\,(x - 1)$$

$$g_1(x) = 4 - 2x^2 \qquad g_1'(x) = -4x$$

$$g_2(x) = x - 1 \qquad g_2'(x) = 1$$

$$f'(x) = -4x\,(x - 1) + 4 - 2x^2 = -6x^2 + 4x + 4$$

Quotientenregel

$$f(x) \;=\; \frac{g_1(x)}{g_2(x)} \qquad g_2(x) \neq 0$$

$$f'(x) = \frac{g_1'(x) \cdot g_2(x) - g_1(x) \cdot g_2'(x)}{(g_2(x))^2} = \frac{g_1' \cdot g_2 - g_1 \cdot g_2'}{g_2^2}$$

Beispiel 4.5: Quotientenregel

$$f(x) = \frac{e^x}{x^2} \qquad f'(x) = \frac{e^x \cdot x^2 - e^x \cdot 2x}{x^4} = \frac{e^x \cdot (x - 2)}{x^3}$$

$$f(x) = \frac{\ln x}{\sqrt{x}} \qquad f'(x) = \frac{\dfrac{1}{x} \cdot \sqrt{x} - \ln x \cdot \dfrac{1}{2\sqrt{x}}}{x}$$

$$f(x) = \frac{x^4 + 5}{x - 3}$$

$$f'(x) = \frac{4x^3 \cdot (x - 3) - (x^4 + 5) \cdot 1}{(x - 3)^2} = \frac{4x^4 - 12x^3 - x^4 - 5}{(x - 3)^2} =$$

$$= \frac{3x^4 - 12x^3 - 5}{(x - 3)^2}$$

Kettenregel: Differentiation verketteter Funktionen

$$f(x) \;= g(h(x)) = g(z) \ \text{ mit } h(x) = z$$
$g(z)$ äußere Funktion, $h(x)$ innere Funktion

$$f'(x) = g'(h(x)) \cdot h'(x) = g'(z) \cdot h'(x)$$
$= $ "äußere Ableitung mal innere Ableitung"

Beispiel 4.6: Kettenregel

$$f(x) = \sqrt{x + 1}$$

$z = h(x) = x + 1$ innere Funktion h

$g(z) = \sqrt{z}$ äußere Funktion g

Die Funktion lautet nun:

$$g(h(x)) = \sqrt{z} = \sqrt{x + 1} = f(x)$$

$$f'(x) = \frac{1}{2 \cdot \sqrt{z}} \cdot 1 = \frac{1}{2 \cdot \sqrt{x + 1}}$$

$$f(x) = \ln 3x$$

$z = h(x) = 3x$ innere Funktion h

$g(z) = \ln z$ äußere Funktion g

$$g(h(x)) = \ln z = \ln 3x = f(x)$$

$$f'(x) = \frac{1}{z} \cdot 3 = \frac{3}{3x} = \frac{1}{x}$$

$$f(x) = (x^2 + 3x)^{100}$$

$z = h(x) = x^2 + 3x$ innere Funktion h

$g(z) = z^{100}$ äußere Funktion g

$$g(h(x)) = z^{100} = (x^2 + 3x)^{100} = f(x)$$

$$f'(x) = 100 \cdot z^{99} \cdot (2x + 3) = 100 \cdot (x^2 + 3x)^{99} \cdot (2x + 3)$$

Logarithmierte Funktion

Mit Hilfe der Kettenregel lassen sich Logarithmusfunktionen ableiten.

$f(x) = \ln g(x)$ Substitution: $g(x) = z$ $f(z) = \ln z$

$$f'(x) = \frac{1}{z} \cdot g'(x) = \frac{g'(x)}{g(x)}$$

Durch das Logarithmieren kann man leicht **Exponentialfunktionen** ableiten, also Funktionen der Form $f(x) = a^x$

$$f'(x) = (\ln f(x))' \cdot f(x)$$

Beispiel 4.7: Logarithmusfunktion und Exponentialfunktion

$$f(x) = \ln(2x^3 - 5x)$$

$$f'(x) = \frac{6x^2 - 5}{2x^3 - 5x}$$

$$f(x) = a^x \qquad \ln f(x) = \ln a^x = x \cdot \ln a$$
$$(\ln f(x))' = \ln a$$

$$f'(x) = \ln a \cdot a^x$$

$$f(x) = 4^{x^2+1} \quad \ln f(x) = \ln 4^{x^2+1} = (x^2 + 1) \cdot \ln 4$$
$$(\ln f(x))' = 2x \cdot \ln 4$$

$$f'(x) = 2x \cdot \ln 4 \cdot 4^{x^2+1} = 2{,}7726 \cdot x \cdot 4^{x^2+1}$$

Übungsaufgaben zum 4. Kapitel

Aufgabe 4.1:

4.1. Berechnen Sie die erste Ableitung folgender Funktionen:

1. $f(x) = 4 \sqrt[10]{x^5} + 3e^x - 2 \ln x + \frac{3}{5}$

2. $f(x) = (x^3 - \ln x + 10) \cdot e^x$

3. $f(x) = \dfrac{x^2 + 2 \cdot \sqrt{x}}{x^2 + 7}$

4a. $f(x) = \left(3x^2 + \dfrac{1}{x^2}\right)^{50}$

b. $f(x) = \dfrac{1}{\left(3x^2 + \dfrac{1}{x^2}\right)^{50}}$

c. $f(x) = \sqrt[50]{3x^2 + \dfrac{1}{x^2}}$

d. $f(x) = e^{\left(3x^2 + \frac{1}{x^2}\right)}$

$$e.\ f(x) = 20^{\left(3x^2 + \frac{1}{x^2}\right)}$$

$$f.\ f(x) = \ln\left(3x^2 + \frac{1}{x^2}\right)$$

4.3 Anwendungen der Differentialrechnung

4.3.1 Extrema

Bei der Untersuchung von Funktionen, die ökonomische Zusammenhänge beschreiben, ist die Frage nach den Extremwerten (Minima und Maxima) von großer Bedeutung. Mit Hilfe der Differentialrechnung lassen sich alle relativen Minima und Maxima einer stetigen Funktion innerhalb des Definitionsintervalles leicht berechnen. Viele ökonomische Funktionen haben einen eingeschränkten Definitionsbereich. In diesen Fällen müssen zur Bestimmung der absoluten Extremwerte sowohl diese Extremwerte innerhalb des Intervalles als auch die Randextrema berücksichtigt werden.

Schema zur Bestimmung von relativen Extremwerten von f

1. Bildung von f'
2. Bestimmung der Nullstellen von f': $f'(x) = 0$
3. Bestimmung der 2. Ableitung f''
4. Überprüfung aller Nullstellen von f' durch Einsetzen in f''

   $f''(x_0) > 0$ an der Stelle x_0 liegt ein Minimum vor

   $f''(x_0) < 0$ an der Stelle x_0 liegt ein Maximum vor

   $f''(x_0) = 0$ Untersuchung der höheren Ableitungen bis erstmals eine

   Ableitung ungleich Null wird

5. $f^{(n)}(x_0) > 0 \qquad$ n gerade: an der Stelle x_0 liegt ein Minimum vor

   $f^{(n)}(x_0) < 0 \qquad$ n gerade: an der Stelle x_0 liegt ein Maximum vor

   $f^{(n)}(x_0) \neq 0 \qquad$ n ungerade: an der Stelle x_0 liegt ein Sattelpunkt vor

Beispiel 4.8: Extremwertbestimmung

$$f(x) = x^3 + 4x^2 - 3x - 18$$

1. $f'(x) = 3x^2 + 8x - 3$

2. $f'(x) = 3x^2 + 8x - 3 = 0$

$$x^2 + \frac{8}{3}x - 1 = 0$$

$$x_{1,2} = -\frac{4}{3} \pm \sqrt{\frac{16}{9} + 1} = -\frac{4}{3} \pm \frac{5}{3}$$

$$x_1 = -3 \qquad x_2 = \frac{1}{3}$$

3. $f''(x) = 6x + 8$

4. $x_1 = -3: \quad f''(-3) = 6 \cdot (-3) + 8 = -10 < 0$

d.h. an der Stelle $x_1 = -3$ hat f ein Maximum

$$f(-3) = -27 + 36 + 9 - 18 = 0 \quad P_1\,(-3;\,0)$$

$$x_2 = \frac{1}{3}: \qquad f''(\tfrac{1}{3}) = 6 \cdot (\tfrac{1}{3}) + 8 = 10 > 0$$

d. h. an der Stelle x_2 liegt ein Minimum vor

$$f(\tfrac{1}{3}) = \frac{1}{27} + \frac{4}{9} - 1 - 18 = -18{,}5185 \quad P_2\,(\tfrac{1}{3};\,-18{,}5185)$$

__Übungsaufgaben zum 4. Kapitel__

Aufgabe 4.2:

Bestimmen Sie die relativen Extremwerte von $f(x) = \frac{3}{2}x^4 + 10x^3 + 18x^2$

Aufgabe 4.3:

Bestimmen Sie die relativen Extremwerte von $f(x) = x^6 + x^5$

4.3.2 Wendepunkte

Wendepunkte sind Punkte einer Funktion, in denen eine Krümmungs-
änderung stattfindet. Entweder geht eine Linkskrümmung in eine Rechtskrümmung oder eine Rechtskrümmung in eine Linkskrümmung über.

Schema zur Bestimmung von Wendepunkten von f

1. Bildung von f''
2. Bestimmung der Nullstellen von f'': $f''(x) = 0$
3. Bildung von f'''
4. Überprüfung aller Nullstellen von f'' durch Einsetzen in f'''

   $f'''(x_0) \neq 0$ an der Stelle x_0 liegt ein Wendepunkt vor

   $f'''(x_0) = 0$ Untersuchung der höheren Ableitungen bis erstmals eine

            Ableitung ungleich Null wird

5. $f^{(n)}(x_0) \neq 0$ n ungerade: an der Stelle x_0 liegt ein Wendepunkt vor

Beispiel 4.9: Kurvendiskussion Normalverteilung

      In der Statistik spielt die Standardnormalverteilung eine wich-
tige Rolle, deshalb soll sie an dieser Stelle untersucht werden:

$$f(x) = \frac{1}{\sqrt{2\Pi}} \cdot e^{-\frac{1}{2} x^2}$$

Definitionsbereich unbeschränkt

Verhalten für $x \rightarrow \infty$: $f(x) \rightarrow 0$

Verhalten für $x \rightarrow -\infty$: $f(x) \rightarrow 0$

keine Nullstellen

Extremwerte:

$$f'(x) = -\frac{x}{\sqrt{2\Pi}} \cdot e^{-0,5x^2} = 0 \quad \text{für } x = 0$$

$$f''(x) = -\frac{1}{\sqrt{2\Pi}} \cdot e^{-0,5x^2} + \frac{x^2}{\sqrt{2\Pi}} \cdot e^{-0,5x^2}$$

$$= \frac{1}{\sqrt{2\Pi}} \cdot e^{-0,5x^2} (x^2 - 1)$$

$$f''(0) = -\frac{1}{\sqrt{2\Pi}} \qquad \longrightarrow \text{Maximum für } x = 0$$

Wendepunkte:

f " hat Nullstellen in x = 1 und x = –1

$$f'''(x) = \frac{x}{\sqrt{2\Pi}} \cdot e^{-0{,}5x^2}\,(-x^2 + 3)$$

$$f'''(-1) \neq 0, \ f'''(1) \neq 0 \qquad \longrightarrow \text{Wendepunkte}$$

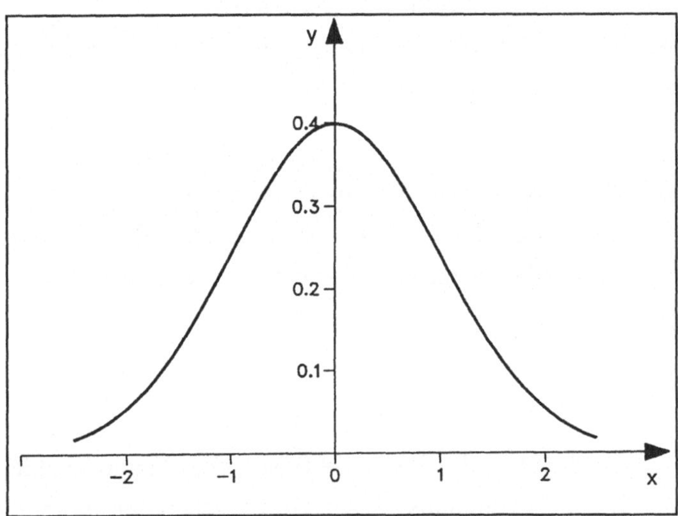

4.3.3 Newtonsches Näherungsverfahren

Die Nullstellen vieler Funktionen lassen sich aus der Funktionsgleichung nur schwer berechnen. Das Newtonsche Näherungsverfahren ist eine Methode, die Nullstellen jeder differenzierbaren Funktion näherungsweise zu bestimmen, und zwar beliebig genau.

Schema des Newtonschen Näherungsverfahrens

s ist eine wählbare Genauigkeitsschranke; f ist eine differenzierbare Funktion.

1. Man wähle x_1 in der Nähe einer Nullstelle (Probieren)

(es dürfen keine Wendepunkte zwischen angenäherter und tatsächlicher Nullstelle liegen)

2. Berechnung von $x_{n+1} = x_n - \dfrac{f(x_n)}{f'(x_n)}$ für n = 1, 2, 3, 4, ...

ist $f(x_{n+1}) = 0$ ist x_{n+1} die Nullstelle, Ende des Verfahrens

ist $|f(x_{n+1})| < s$ x_{n+1} ist eine ausreichend angenäherte Nullstelle von f,

Ende des Verfahrens

ist $|f(x_{n+1})| > s$ Berechnung von x_{n+2} und $f(x_{n+2})$ und Überprüfung

von $f(x_{n+2})$

Beispiel 4.10: Newtonsches Näherungsverfahren

Eine Kurvendiskussion ergab, daß die Funktion f eine Nullstelle besitzt, die etwa bei -1,5 liegen muß.

Die Funktion lautet: $f(x) = 3x^3 - 2x + 5$

Die Genauigkeitsschranke soll s = 0,002 sein.

$f'(x) = 9x^2 - 2$ $f''(x) = 18x = 0 \;\rightarrow\; x = 0$ $f'''(x) = 18 \neq 0$

Das heißt an der Stelle x = 0 liegt der einzige Wendepunkt vor. Dieser Wendepunkt darf nicht zwischen der vermuteten und der tatsächlichen Nullstelle liegen, damit das Verfahren angewandt werden kann.

Vermutete Nullstelle $x_1 = -1,5$

$f(x_1) = -2,125$ $f'(x_1) = 18,25$

$x_2 = x_1 - \dfrac{f(x_1)}{f'(x_1)} = -1,383561644$

$f(x_2) = -0,17829555$ $f'(x_2) = 15,2281854$

$x_3 = x_2 - \dfrac{f(x_2)}{f'(x_2)} = -1,371853384$

$|f(x_3)| = |-0,001702154| < 0,002$

Als Nullstelle erhält man (gerundet) $-1,3719$

<u>Übungsaufgaben zum 4. Kapitel</u>

Aufgabe 4.4:

Berechnen Sie mit Hilfe des Newtonschen Näherungsverfahrens die Null-

stellen der Funktion $f(x) = x^4 + 4x - 3$

Die Genauigkeitsschranke soll $s = 0,001$ betragen.

(Hilfestellung: Die Funktion hat zwei Nullstellen.)

4.4 Wirtschaftswissenschaftliche Anwendungen der Differentialrechnung

4.4.1 Bedeutung der Differentialrechnung für die Wirtschaftswissenschaften

Bei der Analyse von ökonomischen Funktionen interessiert man sich für charakteristische Eigenschaften der Funktion, wie Steigung, Extrema, Wendepunkte, die mit Hilfe der Differentialrechnung bestimmt werden können. Die 1. Ableitung, die Grenzfunktion, gibt **näherungsweise** an, in welchem Umfang sich die abhängige Variable ändert, wenn die unabhängige um **eine** Einheit variiert wird.

Beispiel 4.11: Kostenfunktion

In einem Unternehmen, das nur ein Produkt herstellt, wurde

folgende Kostenfunktion ermittelt: $K(x) = \dfrac{x^2}{10} + 2x + 50$

Wie lautet die Grenzkostenfunktion?

$K'(x) = \dfrac{x}{5} + 2$

Die Höhe der Grenzkosten hängt davon ab, wie hoch die Produktionsmenge ist, von der ausgegangen wird. Wie hoch sind die Grenzkosten bei einer Produktionsmenge von 5, 10 und 20 Stück?

$x = 5 \quad K'(5) = 3$

$x = 10 \quad K'(10) = 4$

x = 20 K'(20) = 6

Bei einer Produktionsmenge von x = 5 betragen die Grenzkosten drei Geldeinheiten. Wie ändern sich die tatsächlichen Kosten, wenn die Produktionsmenge ausgehend von fünf um eine Einheit verringert oder um eine Einheit erhöht wird?

K(5) – K(4) = 62,5 – 59,6 = 2,9

K(5) – K(6) = 62,5 – 65,6 = –3,1

Die Gesamtkosten sinken um 2,9 bzw. steigen um 3,1 Geldeinheiten. Dies verdeutlicht, daß die Grenzkosten K'(5) = 3 nur angenähert der Kostenänderung bei der Variation um eine Mengeneinheit entsprechen.

4.4.2 Gewinnmaximierung

Bei Kenntnis der Gewinnfunktion läßt sich das Gewinnmaximum mathematisch dadurch ermitteln, daß die 1. Ableitung der Gewinnfunktion, die Grenzgewinnfunktion, gleich Null gesetzt wird.

$$G'(x) = 0$$

oder $\qquad G'(x) = U'(x) - K'(x) = 0 \qquad U'(x) = K'(x)$

An der Stelle des Gewinnmaximums sind Grenzumsatz- und Grenzkostenfunktion gleich, sie schneiden sich. Wenn die Produktionsmenge gesteigert wird, ist dies solange mit einer Gewinnsteigerung verbunden, bis die letzte produzierte Einheit einen genauso hohen Umsatzzuwachs (U') erbringt, wie an zusätzlichen Kosten (K') für ihre Herstellung anfallen. Ob an der berechneten Stelle wirklich ein Maximum existiert, wird mit Hilfe der hinreichenden Bedingung überprüft. Wenn die 2. Ableitung der Gewinnfunktion für den ermittelten Wert negativ ist, liegt ein Maximum vor.
An der so berechneten Stelle eines Gewinnmaximums muß jedoch nicht notwendigerweise ein **positiver** Gewinn erzielt werden. Der maximal erreichbare Gewinn kann auch ein Verlust sein; das Gewinnmaximum wäre dann ein Verlustminimum. Es ist also sinnvoll, zusätzlich zu überprüfen, welchen Wert der Gewinn an der Stelle des Gewinnmaximums annimmt.

4.4.3 Cournotscher Punkt

Unter dem Cournotschen Punkt versteht man die **gewinnmaximale Preismengenkombination,** also bei welcher produzierten Menge eines Produktes ist der Gewinn maximal und welcher Preis muß dann auf dem Markt für dieses Produkt erzielt werden, damit die produzierte Menge abgesetzt werden kann.

Rechnerisch wird zur Bestimmung des Cournotschen Punktes eine Extremwertbestimmung zur Ermittlung der gewinnmaximalen Menge durchgeführt und anschließend diese Menge in die Preisabsatzfunktion zur Berechnung des entsprechenden Marktpreises eingesetzt. Zur **graphischen Bestimmung** des Cournotschen Punktes werden die Preisabsatzfunktion, die Grenzkosten- und Grenzumsatzfunktion in ein Koordinatensystem gezeichnet, wobei die Preisabsatzfunktion den relevanten Bereich angibt. Der Schnittpunkt von U' und K' gibt die gewinnmaximale Menge x_c an.

Wenn man den zu x_c gehörenden Punkt auf der Preisabsatzfunktion einträgt, erhält man den **Cournotschen Punkt** C (p_c, x_c).

Beispiel 4.12: Cournotscher Punkt

Ein Unternehmen stellt einen Dachgepäckträger für PKWs zum Transport von Sportmotorrädern her und ist Monopolist auf diesem Markt.

Im letzten Jahr wurden 50 Dachgepäckträger zu einem Preis von 1.200 DM verkauft. Bei einer Preiserhöhung um 50 DM wird nach einer Marktforschungsuntersuchung ein Rückgang des Absatzes auf 45 Stück erwartet.

Die Preisabsatzfunktion wird als linear angenommen.

Die Gesamtkosten der Produktion betragen:

$$K(x) = \frac{1}{9} x^3 - 8x^2 + 600x + 4.000$$

- Ermitteln Sie rechnerisch, bei welcher Preismengenkombination das Gewinnmaximum erreicht wird.
- Lösen Sie das Problem graphisch.

Preisabsatzfunktion

Ein linearer Verlauf wird unterstellt. Zwei Punkte sind bekannt, so daß die 2-Punkteform angewandt werden kann.

$$p_1 = 1.200 \quad x_1 = 50 \quad p_2 = 1.250 \quad x_2 = 45$$

$$\frac{1.250 - 1.200}{45 - 50} = \frac{-50}{-5} = \frac{1.200 - p}{50 - x}$$

$$-500 + 10x = 1200 - p$$

$$p = 1.700 - 10x$$

Umsatzfunktion

$$U(x) = p \cdot x = 1.700x - 10x^2$$

Gewinnfunktion

$$G(x) = U(x) - K(x)$$

$$= 1.700x - 10x^2 - \frac{1}{9}x^3 + 8x^2 - 600x - 4.000$$

$$= -\frac{1}{9}x^3 - 2x^2 + 1.100x - 4000$$

Ermittlung des Gewinnmaximums

$$G'(x) = -\frac{1}{3}x^2 - 4x + 1.100 = 0$$

$$x^2 + 12x - 3.300 = 0$$

$$x_{1,2} = -6 \pm \sqrt{36 + 3.300} = -6 \pm \sqrt{3.336} = -6 \pm 57{,}7581$$

$$x_1 = 51{,}7581$$

$$x_2 = -63{,}7581 \quad \rightarrow \text{ökonomisch nicht relevant}$$

$$G''(x) = -\frac{2}{3}x - 4$$

$$G''(51{,}7581) = -38{,}5054 < 0 \quad \rightarrow \text{Maximum}$$

Bei einer abgesetzten Menge von gerundet 52 Dachgepäckträgern erzielt der Unternehmer einen maximalen Gewinn.

Der Preis, den er verlangen muß, ergibt sich aus der Preisabsatzfunktion.

$$p(x) = 1.700 - 10x$$
$$p(52) = 1.180$$

Der Unternehmer muß einen Preis von 1.180 DM verlangen, um 52 Stück absetzen zu können. Den maximalen Gewinn erhält man durch Einsetzen der berechneten Menge von 52 Stück in die Gewinnfunktion.

$$G(x) = -\frac{1}{9}x^3 - 2x^2 + 1.100x - 4.000$$

$$G(52) = 32.168,89$$

Da die Stückzahl von 51,7581 auf 52 gerundet wurde, sollte zusätzlich untersucht werden, ob eine Abrundung auf 51 nicht zu einem höheren Gewinn führen würde.

$$G(51) = 32.159,00$$

Der Gewinn bei einem Absatz von 52 Stück ist größer.

Graphische Lösung

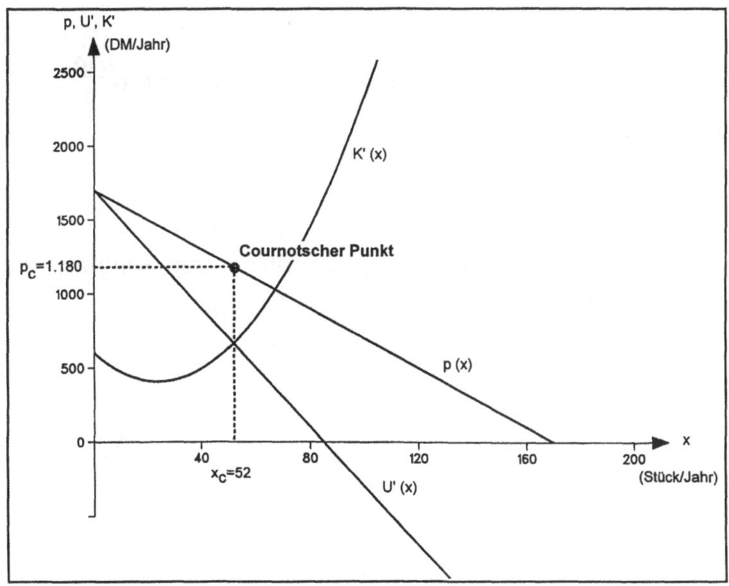

Übungsaufgaben zum 4. Kapitel

Aufgabe 4.5:

Ermitteln Sie die gewinnmaximale Preismengenkombination für ein Unter-

nehmen mit der Preisabsatzfunktion $\quad p(x) = 12 - 0{,}8x$

und der Kostenfunktion $\qquad\qquad K(x) = 32 + 2x$

Wie hoch ist der Gewinn an dieser Stelle?

Ermitteln Sie den Cournotschen Punkt auch graphisch.

4.4.4 Elastizitäten

Die Analyse der ersten Ableitung einer Funktion reicht oftmals nicht aus, um für alle Fragestellungen nach dem Änderungsverhalten von ökonomischen Funktionen die optimale Antwort zu finden.

Wenn beispielsweise der Preis eines Autoradios von 500 DM auf 550 DM steigt, und sich ein Auto ebenfalls um 50 DM auf 20.050 DM verteuert, so ist die absolute Preisänderung gleich.

$\Delta p = 50$ DM (Autoradio) $\qquad \Delta p = 50$ DM (Auto)

Dagegen beträgt die relative Preisänderung beim Radio $\dfrac{\Delta p}{p} = 0{,}1$ oder 10%

(absolute Änderung bezogen auf den Ausgangswert) und beim Auto 0,0025 oder 0,25 %.

Die **Elastizität** berücksichtigt im Gegensatz zur Steigung die **relativen** Änderungen der unabhängigen als auch der abhängigen Variable.

Aus dem Steigungsbegriff leitet sich der Elastizitätsbegriff auf folgende Weise ab:

$$f'(x) = \lim_{\Delta x \to 0} \frac{\Delta y}{\Delta x} = \frac{dy}{dx} \qquad\qquad e_{y,x} = \lim_{\Delta x \to 0} \frac{\dfrac{\Delta y}{y}}{\dfrac{\Delta x}{x}} = \frac{\dfrac{dy}{y}}{\dfrac{dx}{x}} = \frac{dy}{dx} \cdot \frac{x}{y}$$

Mit $e_{y,x}$ wird die Elastizität einer Variablen y (abhängige Variable) bezüglich der Größe x (unabhängige Variable) bezeichnet.

$\dfrac{dy}{dx}$ entspricht der ersten Ableitung, $\dfrac{x}{y}$ entspricht dem Kehrwert der Durchschnittsfunktion

Die Elastizität wird deshalb häufig folgendermaßen angegeben:

$$e_{y,x} = \frac{dy}{dx} \cdot \frac{x}{y} = \frac{\text{erste Ableitung}}{\text{Durchschnittsfunktion}}$$

Die Elastizität ist, wie die erste Ableitung, eine Funktion von x. Sie bezieht sich auf einen bestimmten Punkt der betrachteten Funktion und wird aus diesem Grund **Punktelastizität** genannt.

Bezogen auf die Nachfragefunktion lautet die Formel für die Punktelastizität:

$$e_{x,p} = \frac{dx}{dp} \cdot \frac{p}{x}$$

Hierbei ist zu beachten, daß p als unabhängige Variable und x als abhängige Variable auftritt. Sie gibt näherungsweise (wegen der Grenzbetrachtung) an, um welchen Prozentsatz sich die Nachfragemenge verändert, wenn der Preis um 1 % variiert wird. Man bezeichnet sie als **Preiselastizität der Nachfrage**, da sie die Elastizität der Nachfrage bezüglich des Preises wiedergibt.

Beispiel 4.13: Preiselastizität der Nachfrage

> Für die Nachfragefunktion $p(x) = 4.000 - 0{,}1x$ für Farbfernsehgeräte eines bestimmten Typs soll die Preiselastizität der Nachfrage für $p_1 = 3.000$, $p_2 = 2.000$, $p_3 = 1.000$, $p_4 = 3.999$ und $p_5 = 1$ berechnet werden.
>
> Zuerst muß die Nachfragefunktion so umformuliert werden, daß x als abhängige und p als unabhängige Variable auftritt (Umkehrfunktion s. Kap. 2.3).
>
> $$p(x) = 4.000 - 0{,}1x$$
>
> $$0{,}1x = 4.000 - p \quad | \cdot 10$$
>
> $$x = 40.000 - 10p$$

$$e_{x,p} = \frac{dx}{dp} \cdot \frac{p}{x} \quad \text{mit} \quad \frac{dx}{dp} = -10$$

$p_1 = 3.000$ hat eine nachgefragte Menge von 10.000 zur Folge

$$e_{x_1, p_1} = -10 \cdot \frac{3.000}{10.000} = -3$$

D. h. eine 1 % Preisänderung verursacht bei $p_1 = 3.000$ eine 3 % Änderung von x; und zwar verursacht eine Preiserhöhung eine Nachfrageeinbuße bzw. eine Preissenkung eine Nachfragesteigerung. Das negative Vorzeichen der Elastizität zeigt die gegenläufige Verhaltensweise bei einer Änderung an.

$$p_2 = 2.000, \, x_2 = 20.000 \quad e_{x_2, p_2} = -10 \cdot \frac{2.000}{20.000} = -1$$

D. h. eine 1 % Preisänderung hat eine 1 % Änderung der Nachfrage zur Folge.

$$p_3 = 1.000, \, x_3 = 30.000 \quad e_{x_3, p_3} = -10 \cdot \frac{1.000}{30.000} = -0,3333$$

D. h. eine 1 % Preisänderung hat eine 0,333 % Änderung der Nachfrage zur Folge.

$$p_4 = 3.999, \, x_4 = 10 \quad e_{x_4, p_4} = -10 \cdot \frac{3.999}{10} = -3.999$$

D. h. eine 1 % Preisänderung hat eine 3.999 % Änderung der Nachfrage zur Folge.

$$p_5 = 1, \, x_5 = 39.990 \quad e_{x_5, p_5} = -10 \cdot \frac{1}{39.990} = -0,00025$$

D. h. eine 1 % Preisänderung hat eine 0,00025 % Änderung der Nachfrage zur Folge.

Das Beispiel zeigt, daß die Preiselastizität im Gegensatz zur Steigung bei linearen Funktionen nicht konstant ist, sondern Werte zwischen 0 und $-\infty$ annimmt.

Große Betragswerte der Elastizität bedeuten, daß eine nur geringe Preisänderung die Nachfragemenge stark beeinflußt (s. p_1 und p_4); kleine Betragswerte zeigen, daß eine Preisänderung sich nur gering auf die

Nachfragemenge auswirkt (p_3 und p_5). Bei p_2 hat die Elastizität den Wert -1; die Preisänderung ist genauso stark wie die Nachfrageänderung.

Es lassen sich jedoch nicht nur die Punktelastizitäten berechnen, sondern man kann zu vorgegebenen Funktionen die entsprechenden **Elastizitätsfunktionen** aufstellen.

Beispiel 4.14: Elastizitätsfunktion

Bestimmen Sie zu der S-förmigen Kostenfunktion

$$K(x) = x^3 - 25x^2 + 250x + 1.000 \quad \text{die Elastizitätsfunktion.}$$

Da die Elastizität als Quotient aus der 1. Ableitung und der Durchschnittsfunktion definiert ist, läßt sie sich auch als eine Funktion darstellen.

$$\frac{dk}{dx} = K'(x) = 3x^2 - 50x + 250$$

$$k(x) = \frac{K(x)}{x} = \frac{x^3 - 25x^2 + 250x + 1.000}{x}$$

Elastizitätsfunktion: $e_{K,x} = \dfrac{3x^3 - 50x^2 + 250x}{x^3 - 25x^2 + 250x + 1.000}$

<u>Übungsaufgaben zum 4. Kapitel</u>

Aufgabe 4.6:

Für ein Produkt seien Nachfrage- und Angebotsfunktion bekannt:

$$x = 160 - 2p$$

$$x = -50 + p$$

Welche Elastizität haben die Funktionen beim Marktgleichgewicht?

Aufgabe 4.7:

Berechnen Sie zu folgender Preisabsatzfunktion $\quad p(x) = 5.000 - 4x$

a) die Elastizitätsfunktion

b) die Elastizität für folgende Preise und interpretieren Sie die Ergebnisse

$$p_1 = 3.000 \quad p_2 = 1.000 \quad p_3 = 100$$

5. Differentialrechnung bei Funktionen mit mehreren unabhängigen Variablen

5.1 Partielle erste Ableitung

Die Abbildung einer Funktion mit einer unabhängigen und einer abhängigen Variablen entspricht einer Kurve in der Ebene, und die erste Ableitung dieser Funktion kann anschaulich als die Steigung dieser Kurve an einer bestimmten Stelle interpretiert werden.

Eine Funktion mit zwei unabhängigen Variablen x und y und der abhängigen Variablen z entspricht graphisch einer Fläche im dreidimensionalen Raum (vgl. Kap. 3). Man schreibt: $z = f(x,y)$

Die erste Ableitung einer solchen Funktion kann nicht ohne weiteres als Steigung interpretiert werden. Die Steigung einer Fläche in einem Raum läßt sich nicht eindeutig festgelegen, denn sie nimmt unterschiedliche Werte an in Abhängigkeit von der Richtung, in der sie gemessen wird. Sie ist abhängig vom Wert beider unabhängigen Variablen x und y und zusätzlich von der Richtung. Man kann diese Tatsache veranschaulichen, wenn man sich eine Person auf einer schiefen Ebene vorstellt, zum Beispiel auf einem Skihang.

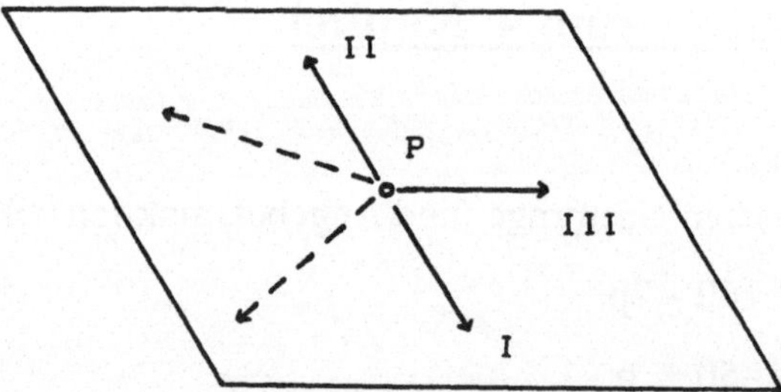

Wenn sich die Person auf dem Punkt P der in der Abbildung skizzierten Fläche befindet, sind damit die Koordinaten x, y und z festgelegt, jedoch nicht die Steigung in diesem Punkt. Die Steigung ist zusätzlich davon abhängig, in welche Richtung sich die Person auf diesem Skihang bewegt. Sie kann bergab fahren (I) und damit die maximale negative Steigung erreichen, sich bergauf in Richtung der höchstmöglichen Steigung bewegen (II), einen Weg auf einer Höhenlinie mit einer Steigung von Null wählen (III) oder auch alle Richtungen, die dazwischen liegen.

Eine Aussage über die richtungsabhängige Steigung der Funktionsfläche läßt sich mit Hilfe der partiellen Ableitungen treffen. Bei der Berechnung einer **partiellen Ableitung** wird die Abhängigkeit der Funktion von nur einer der unabhängigen Variablen betrachtet, während alle anderen als konstant angenommen werden.

In der Funktion $z = f(x,y)$ wird entweder x als konstant angenommen, so daß die Funktion nur noch von y abhängt, oder man setzt y konstant. Die Änderung des Funktionswertes ins Verhältnis gesetzt zur Änderung einer der unabhängigen Variablen bei Konstanthalten der übrigen bezeichnet man als **partiellen Differentialquotienten**.

Die erste partielle Ableitung der Funktion $z = f(x,y)$ nach x lautet (partieller Differentialquotient):

$$\lim_{\Delta x \to 0} \frac{f(x + \Delta x, y) - f(x,y)}{\Delta x} = \frac{\partial f(x,y)}{\partial x} \qquad (\partial \text{ ist ein stilisiertes d})$$

Analog läßt sich die erste partielle Ableitung nach y bestimmen; dabei wird x konstant gesetzt:

$$\lim_{\Delta y \to 0} \frac{f(x, y + \Delta y) - f(x,y)}{\Delta y} = \frac{\partial f(x,y)}{\partial y}$$

Andere Schreibweisen: $\dfrac{\partial f(x,y)}{\partial y} = \dfrac{\partial z}{\partial y} = z'_y = f_y'(x,y)$

Es gibt also genauso viele partielle erste Ableitungen einer Funktion wie unabhängige Variablen.

Für die Bestimmung der partiellen Ableitungen gelten die gleichen Regeln und Techniken wie beim Differenzieren von Funktionen mit einer unabhängigen Variablen. Es ist nur zu beachten, daß alle Variablen bis auf die eine, nach der differenziert wird, als Konstante anzusehen sind. Sie werden allerdings nur beim Differenzieren wie eine Konstante behandelt, sind aber nach wie vor Variablen.

Beispiel 5.1: Partielle Ableitungen

$$z = x^2 + 4y^3 \qquad \frac{\partial z}{\partial x} = 2x \qquad \frac{\partial z}{\partial y} = 12y^2$$

$$z = x^n y^m \qquad \frac{\partial z}{\partial x} = nx^{(n-1)}y^m \qquad \frac{\partial z}{\partial y} = x^n m y^{(m-1)}$$

$$z = 3x_1 + 5x_2 - x_3 + 8x_4 \qquad \frac{\partial z}{\partial x_1} = 3 \qquad \frac{\partial z}{\partial x_2} = 5$$

$$\frac{\partial z}{\partial x_3} = -1 \qquad \frac{\partial z}{\partial x_4} = 8$$

$$z = 4x_1^2 x_2 + x_1 x_2 x_3 + x_2 - x_4$$

$$\frac{\partial z}{\partial x_1} = 8x_1 x_2 + x_2 x_3 \qquad \frac{\partial z}{\partial x_2} = 4x_1^2 + x_1 x_3 + 1$$

$$\frac{\partial z}{\partial x_3} = x_1 x_2 \qquad \frac{\partial z}{\partial x_4} = -1$$

5.2 Partielle Ableitungen höherer Ordnung

Da auch die partiellen Ableitungen wieder Funktionen der unabhängigen Variablen sind, lassen sie sich wie die Ableitungen von Funktionen mit einer unabhängigen Variablen noch einmal partiell differenzieren. Man erhält die partiellen Ableitungen zweiter Ordnung der Funktion.

Beispiel 5.2: Partielle Ableitungen höherer Ordnung

$$z = 2x^3 + x^2 y - 4xy^2 - e^x + \ln y$$

$$\frac{\partial z}{\partial x} = 6x^2 + 2xy - 4y^2 - e^x \qquad \frac{\partial z}{\partial y} = x^2 - 8xy + \frac{1}{y}$$

$$\frac{\partial^2 z}{\partial x^2} = 12x + 2y - e^x \qquad \frac{\partial^2 z}{\partial y^2} = -8x - \frac{1}{y^2}$$

Weiterhin ist es möglich, die erste partielle Ableitung nach x im zweiten Schritt nach y sowie die partielle Ableitung nach y anschließend nach x zu differenzieren. Man erhält dann die **gemischten** Ableitungen zweiter Ordnung.

$$\frac{\partial^2 z}{\partial x \partial y} = 2x - 8y \qquad\qquad \frac{\partial^2 z}{\partial y \partial x} = 2x - 8y$$

Die Reihenfolge der Variablen im Nenner gibt die Reihenfolge der Differentiation an. Das Beispiel zeigt, daß beide gemischten zweiten Ableitungen zum gleichen Ergebnis führen.

Allgemein gilt:
Die Reihenfolge der Differentiation bei gemischten partiellen Ableitungen ist für das Ergebnis ohne Bedeutung.

5.3 Extremwertbestimmung

Auch bei Funktionen mit mehreren unabhängigen Variablen ist die Extremwertbestimmung eine der wichtigsten Anwendungen der Differentialrechnung im Bereich der Wirtschaftswissenschaften. Auch hier kann, analog zur Definition bei Funktionen mit einer unabhängigen Variablen, zwischen relativen und absoluten Extremwerten unterschieden werden.
Ohne auf die graphische Darstellung hier näher einzugehen, kann man sich vorstellen, daß eine Tangentialebene, die die Funktionsfläche im Extrempunkt berührt, parallel zur x-y-Ebene verlaufen muß. Daraus folgt, daß die Steigung der Fläche in Richtung der x-Achse und der y-Achse Null ist. In einem Extrempunkt müssen also die ersten partiellen Ableitungen gleich Null sein.

Damit ist die **notwendige Bedingung** für das Vorliegen eines Extremwertes der Funktion $z = f(x,y)$ an der Stelle $(x_0; y_0)$ gefunden. Sie lautet, daß die ersten partiellen Ableitungen an dieser Stelle gleich Null sein müssen.

$$f_x'(x_0, y_0) = 0 \quad \text{und} \quad f_y'(x_0, y_0) = 0$$

Wenn man also die Extremwerte einer Funktion mit mehreren Veränderlichen zu berechnen hat, werden alle partiellen Ableitungen bestimmt und gleich Null gesetzt. Durch die Lösung des Gleichungssystems erhält man **Kritische Punkte**, die Extremwerte sein können. Diese gefundenen Kritischen Punkte werden mit Hilfe der hinreichenden Bedingung darauf überprüft, ob wirklich Extrema an dieser Stelle vorliegen.

Hinreichende Bedingung für das Vorliegen eines Extremwertes der Funktion $z = f(x,y)$ an der Stelle $(x_0;y_0)$ ist:

$$f_x'(x_0,y_0) = 0 \quad \text{und} \quad f_y'(x_0,y_0) = 0 \quad \text{und}$$

$$f_{xx}''(x_0,y_0) \cdot f_{yy}''(x_0,y_0) > (f_{xy}''(x_0,y_0))^2$$

Ist die hinreichende Bedingung erfüllt, so gilt entweder

$f_{xx}''(x_0,y_0) < 0$ und $f_{yy}''(x_0,y_0) < 0$ und es liegt ein **Maximum** vor oder

$f_{xx}''(x_0,y_0) > 0$ und $f_{yy}''(x_0,y_0) > 0$ und es liegt ein **Minimum** vor

Extremwerte von Funktionen mit mehr als zwei unabhängigen Variablen sind im Prinzip auf die gleiche Weise zu berechnen. Auch hier gilt die notwendige Bedingung, daß alle partiellen ersten Ableitungen gleich Null sein müssen. Dagegen erfordert die Überprüfung der hinreichende Bedingung die Kenntnis des Determinantenbegriffes.

Bei den meisten wirtschaftlichen Fragestellungen begnügt man sich mit der Anwendung der notwendigen Bedingung. Ob und welcher Extremwert vorliegt, ergibt sich entweder aus dem ökonmischen Zusammenhang, oder man kann die Kritischen Punkte auf ihre Eigenschaft als Maximum bzw. Minimum überprüfen, indem man einige Punkte in ihrer Umgebung in die Funktionsgleichung einsetzt und testet, ob die Funktionswerte alle kleiner bzw. größer als der Funktionswert des Kritischen Punktes sind.

Beispiel 5.3: Extremwertbestimmung

Bestimmen Sie die Extremwerte der Funktion:

$$z = f(x,y) = 2x^3 - 18xy + 9y^2$$

$$f_x' = 6x^2 - 18y \qquad f_y' = -18x + 18y$$

$$6x^2 - 18y = 0$$

$$-18x + 18y = 0 \qquad \rightarrow \quad x = y$$

$$6x^2 - 18x = 0$$

Kritische Punkte: (0;0) und (3;3)

$$f_{xx}'' = 12x \quad f_{yy}'' = 18 \quad f_{xy}'' = -18$$

$$12x \cdot 18 > \quad (-18)^2$$

$$216x > 324$$

$$x > 1,5$$

Punkt (0;0) : $0 < 1,5$ kein Extremwert sondern Sattelpunkt

Punkt (3;3) : $3 > 1,5$ Extremwert

$$f_{xx}''(3,3) = 36 > 0, \quad f_{yy}''(3,3) = 18 > 0$$

Die Funktion besitzt an der Stelle (3;3) ein Minimum.

<u>Übungsaufgaben zum 5. Kapitel</u>

Aufgabe 5.1: (vgl. Beispiel in Kap. 4.4.3)

Wegen des großen Markterfolges produziert der Hersteller von Dachgepäckträgern zum Transport von Sportmotorrädern, der Monopolist auf diesem Markt ist, nun zwei Varianten:

- Produkt 1: Träger zum Transport von zwei Moto-Cross-Maschinen
- Produkt 2: Träger zum Transport von einer Straßenrennmaschine
        +Ersatzteile+Werkzeug

Die Preisabsatzfunktionen lauten: $p_1 = 1800 - 8x_1 \qquad p_2 = 2000 - 10x_2$

Die Kostenfunktion hängt von beiden Produkten ab:

$$K(x_1,x_2) = 15x_1x_2 + 950x_1 + 1050x_2 + 3000$$

Wie viele Exemplare der beiden Produktvarianten muß der Hersteller zu welchem Preis anbieten, um sein Gewinnmaximum zu erreichen?

5.4 Extremwertbestimmung unter Nebenbedingungen

5.4.1 Problemstellung

In den bisherigen Kapiteln wurde das Problem der unbeschränkten Optimierung behandelt. Man ging davon aus, daß die unabhängigen Variablen x und y in der Funktion z = f(x,y) jeden beliebigen Wert annehmen können. Die meisten praktischen Optimierungsaufgaben werden jedoch durch Nebenbedingungen beschränkt. So führt die Aufgabe, ein Kostenminimum zu bestimmen, zu der trivialen Lösung, daß das Unternehmen geschlossen werden muß, da dann keine Kosten mehr anfallen. Diese Aufgabe ist nicht sinnvoll gestellt; es müßten Nebenbedingungen beachtet werden, die eine sinnvolle Ausnutzung der gegebenen Kapazitäten sicherstellen.

5.4.2 Multiplikatorregel nach Lagrange

Allgemein besteht die Aufgabe darin, eine Funktion $y = f(x_1, x_2, ..., x_n)$ auf Extremwerte zu untersuchen. Diese zu maximierende oder minimierende Funktion wird als **Zielfunktion** bezeichnet. Die **Nebenbedingungen**, die die unabhängigen Variablen beschränken, werden in der folgenden Form geschrieben: $\quad g_j(x_1, x_2, ..., x_n) = 0 \qquad (j = 1,2,...,m)$

Für jede Nebenbedingung wird ein Lagrangescher Multiplikator definiert.

$$\lambda_j \qquad (j = 1,2,...,m)$$

Die erweiterte Zielfunktion f^* wird durch Zusammenfassung der eigentlichen Zielfunktion und sämtlicher Nebenbedingungen gebildet.

$$f^* = f(x_1, x_2, ..., x_n) + \lambda_1 g_1(x_1, x_2, ..., x_n) + ... + \lambda_m g_m(x_1, x_2, ..., x_n)$$

$$= f(x_1, x_2, ..., x_n) + \sum_{j=1}^{m} \lambda_j g_j(x_1, x_2, ..., x_n)$$

Diese erweiterte Zielfunktion läßt sich nach n unabhängigen Variablen und nach m Multiplikatoren differenzieren. Die notwendige Bedingung für das

Vorliegen eines Extremwertes lautet, daß sämtliche m+n partiellen Ableitungen gleich Null sein müssen.

$$\frac{\partial f^*}{\partial x_1} = 0 \qquad \frac{\partial f^*}{\partial x_2} = 0 \qquad \text{........} \qquad \frac{\partial f^*}{\partial x_n} = 0$$

$$\frac{\partial f^*}{\partial \lambda_1} = 0 \qquad \text{.........} \qquad \frac{\partial f^*}{\partial \lambda_m} = 0$$

Durch die Auflösung des Gleichungssystems erhält man **Stationärpunkte**. Stationärpunkte erfüllen die notwendige Bedingung für Extremwerte. Sie müssen anhand der hinreichenden Bedingung daraufhin untersucht werden, ob sie wirklich Maxima oder Minima sind.

Zur Überprüfung der hinreichenden Bedingung für zwei unabhängige Variablen gilt die aus Kap. 5.3 bekannte Beziehung:

$$\frac{\partial^2 f^*}{\partial x_1^2} \cdot \frac{\partial^2 f^*}{\partial x_2^2} > \left(\frac{\partial^2 f^*}{\partial x_1 \partial x_2}\right)^2 \quad \text{sowie}$$

$$\frac{\partial^2 f^*}{\partial x_1^2} > 0 \quad \text{und} \quad \frac{\partial^2 f^*}{\partial x_2^2} > 0 \quad \text{für ein Minimum}$$

$$\frac{\partial^2 f^*}{\partial x_1^2} < 0 \quad \text{und} \quad \frac{\partial^2 f^*}{\partial x_2^2} < 0 \quad \text{für ein Maximum}$$

Ist die hinreichende Bedingung nicht erfüllt, also

$$\frac{\partial^2 f^*}{\partial x_1^2} \cdot \frac{\partial^2 f^*}{\partial x_2^2} \leq \left(\frac{\partial^2 f^*}{\partial x_1 \partial x_2}\right)^2$$

dann kann trotzdem ein Extremwert vorliegen und die Funktion f muß durch die Kontrolle einiger benachbarter Punkte in der Umgebung des Stationärpunktes näher untersucht werden.

Für die Überprüfung der hinreichenden Bedingung bei mehr als zwei Unabhängigen ist eine weitreichende Kenntnis der Determinantenrechnung notwendig, die in diesem Buch nicht vertieft werden soll. Viele ökonomische Fragestellungen und Funktionen sind jedoch so formuliert, daß man durch Plausibilitätsüberlegungen und einfache Kontrollen die Existenz eines Maximums oder Minimums überprüfen kann.

Die gefundenen Stationärpunkte lassen sich am einfachsten auf ihre Eigenschaften untersuchen, indem Punkte, die die Nebenbedingungen erfüllen, aus ihrer Umgebung in die Zielfunktion eingesetzt werden. Wenn diese Zielfunktionswerte immer höher bzw. niedriger sind als der Wert der Zielfunktion an der Stelle des Stationärpunktes, kann man darauf schließen, daß ein Minimum bzw. Maximum vorliegt.

Durch die Auflösung des Gleichungssystems, das durch die partiellen Ableitungen gegeben ist, erhält man zusätzlich die **Lagrangeschen Multiplikatoren** λ_j. Für die Beantwortung ökonomischer Fragestellungen enthalten diese Multiplikatoren wertvolle Zusatzinformationen. Sie geben an, wie stark sich der Zielfunktionswert bei einer infinitesimal kleinen Änderung der entsprechenden Nebenbedingung verändert.

Beispiel 5.4: Multiplikatorregel nach Lagrange

Untersuchen Sie mit Hilfe der Multiplikatorregel nach Lagrange, ob die Funktion $y = f(x_1,x_2) = 4 - 2x_1 - x_2$ unter der Nebenbedingung $x_1^2 + 2x_2^2 = 8$ Extremwerte besitzt!

Erweiterte Zielfunktion:

$$f^*(x_1,x_2, \lambda) = 4 - 2x_1 - x_2 + \lambda(x_1^2 + 2x_2^2 - 8)$$

Notwendige Bedingung:

$$\frac{\partial f^*}{\partial x_1} = -2 + 2\lambda x_1 = 0 \quad \Rightarrow \quad x_1 = \frac{1}{\lambda}$$

$$\frac{\partial f^*}{\partial x_2} = -1 + 4\lambda x_2 = 0 \quad \Rightarrow \quad x_2 = \frac{1}{4\lambda}$$

$$\frac{\partial f^*}{\partial \lambda} = x_1^2 + 2x_2^2 - 8 = 0 \quad \Rightarrow \quad \frac{1}{\lambda^2} + \frac{2}{16\lambda^2} - 8 = 0 \mid \cdot \lambda^2$$

$$1 + \frac{1}{8} - 8\lambda^2 = 0$$

$$\lambda_1 = \frac{3}{8} \qquad \lambda_2 = -\frac{3}{8}$$

Daraus ergeben sich zwei Stationärpunkte:

$$x_{11} = \frac{8}{3} \quad x_{21} = \frac{2}{3} \quad \lambda_1 = \frac{3}{8} \qquad x_{12} = -\frac{8}{3} \quad x_{22} = -\frac{2}{3} \quad \lambda_2 = -\frac{3}{8}$$

Hinreichende Bedingung:

$$\frac{\grave{o}^2 f^*}{\grave{o}x_1{}^2} = 2\lambda \qquad \frac{\grave{o}^2 f^*}{\grave{o}x_2{}^2} = 4\lambda \qquad \frac{\grave{o}^2 f^*}{\grave{o}x_1 \grave{o}x_2} = 0$$

$2\lambda \cdot 4\lambda = 8\lambda^2 > 0 \Rightarrow$ Hinreichende Bedingung ist erfüllt für $\lambda \neq 0$

An der Stelle $x_{11} = \dfrac{8}{3}$ $x_{21} = \dfrac{2}{3}$ liegt ein Minimum vor, da 2λ und

$4\lambda > 0$. An der Stelle $x_{12} = -\dfrac{8}{3}$ $x_{22} = -\dfrac{2}{3}$ liegt ein Maximum

vor, da 2λ und $4\lambda < 0$

Beispiel 5.5: Multiplikatorregel nach Lagrange

Ein Hersteller von Konservendosen erhält den Auftrag, eine zylindrische Dose mit runder Grundfläche und einem Liter Inhalt zu entwickeln, wobei der Blechverbrauch minimal sein soll. Gesucht ist die minimale Oberfläche f einer Konservendose mit vorgegebener Form und vorgegebenem Volumen v.

Oberfläche = zwei Deckelflächen + Mantelfläche

$$f = 2 \cdot \Pi \cdot r^2 + 2 \cdot \Pi \cdot r \cdot h$$

Volumen: $v = \Pi \cdot r^2 \cdot h$

Die Optimierungsaufgabe lautet:

Minimiere $\quad f(r,h) = 2 \cdot \Pi \cdot r^2 + 2 \cdot \Pi \cdot r \cdot h$

unter Beachtung der Nebenbedingung:

$v = \Pi \cdot r^2 \cdot h = 1000 \quad$ oder $\quad g(r,h) = \Pi \cdot r^2 \cdot h - 1000 = 0$

Erweiterte Zielfunktion:

$$f^*(r,h,\lambda) = 2 \cdot \Pi \cdot r^2 + 2 \cdot \Pi \cdot r \cdot h + \lambda (\Pi \cdot r^2 \cdot h - 1000)$$

Partielle Ableitungen:

$$(1) \; \frac{\grave{o}f^*}{\grave{o}r} = 4 \cdot \Pi \cdot r + 2 \cdot \Pi \cdot h + 2 \cdot \lambda \cdot \Pi \cdot r \cdot h = 0$$

$$(2) \; \frac{\grave{o}f^*}{\grave{o}h} = 2 \cdot \Pi \cdot r + \lambda \cdot \Pi \cdot r^2 = 0$$

$$(3) \; \frac{\grave{o}f^*}{\grave{o}\lambda} = \Pi \cdot r^2 \cdot h - 1000 = 0$$

Auflösung des Gleichungssystems:

$$(2)\quad \lambda \cdot \Pi \cdot r^2 = -2 \cdot \Pi \cdot r$$

$$\lambda = -\frac{2 \cdot \Pi \cdot r}{\Pi \cdot r^2} = -\frac{2}{r}$$

$$(1)\quad 4 \cdot \Pi \cdot r + 2 \cdot \Pi \cdot h + 2 \left(\frac{-2}{r}\right) \cdot \Pi \cdot r \cdot h = 0$$

$$4 \cdot \Pi \cdot r + 2 \cdot \Pi \cdot h - 4 \cdot \Pi \cdot h = 0$$

$$4 \cdot \Pi \cdot r = 2 \cdot \Pi \cdot h$$

$$h = 2 \cdot r$$

Die Höhe der Dose muß also dem zweifachen Radius (dem Durchmesser) entsprechen.

$$(3)\quad \Pi \cdot r^2 \cdot h - 1000 = 0$$

$$\Pi \cdot r^2 \cdot 2 \cdot r - 1000 = 0$$

$$2 \cdot \Pi \cdot r^3 = 1000$$

$$r^3 = \frac{1.000}{2\Pi} = \frac{500}{\Pi}$$

$$r = \sqrt[3]{\frac{500}{\Pi}} = 5{,}42 \ \text{cm}$$

$$h = 10{,}84 \ \text{cm}$$

$$\lambda = -0{,}369 \ (\text{cm}^{-1})$$

Die Oberfläche beträgt $f = 555 \ \text{cm}^2$

Der Lagrangesche Multiplikator λ erlaubt folgende Aussage:
Für eine infinitesimal kleine Vergrößerung des Volumens v um dv nimmt die Oberfläche f um $0{,}369 \cdot dv$ zu.

Wenn die Dose statt $1000 \ \text{cm}^3$ beispielsweise $1001 \ \text{cm}^3$ Inhalt haben sollte, würde dies eine Vergrößerung der Oberfläche um näherungsweise $0{,}369 \ \text{cm}^2$ zur Folge haben. Dabei ist zu beachten, daß eine Vergrößerung um $1 \ \text{cm}^3$ keine infinitesimal kleine Änderung darstellt.

<u>Übungsaufgaben zum 5. Kapitel</u>

Aufgabe 5.2:

Ein Haushalt konsumiert unter anderem die Güter X,Y und Z in den Mengen x, y, z. Die Nutzenfunktion lautet:

$$f(x,y,z) = 5x + 10y + 20z - \frac{1}{2}x^2 - \frac{1}{4}y^2 - z^2$$

Das Einkommen des Haushaltes, das für diese Güter verfügbar ist, beträgt 17 Geldeinheiten. Die Preise der Güter betragen eine Geldeinheit für X, zwei für Y und vier für Z. Ermitteln Sie die optimale Kombination der Güter, die den Nutzen des Haushaltes maximiert.

Aufgabe 5.3:

Minimieren Sie die Kostenfunktion

$$y = 22 + \frac{1}{4}x_1^2 + \frac{1}{8}x_2^2 + \frac{1}{2}x_3^2$$

unter der Nebenbedingung

$$3x_1 + 2x_2 + 4x_3 = 25$$

Aufgabe 5.4:

Einem Versandhaus stehen zum Druck von Katalogen für bestehende Kunden und dünneren Auszugs-Katalogen für die Neukundengewinnung insgesamt 500 TDM zur Verfügung. Wieviel soll für den Druck von Hauptkatalogen (x) und wieviel für die Neukundengewinnungs-Kataloge (y) ausgegeben werden, um einen maximalen Gewinn zu erreichen?
Der Umsatz ist von diesen Ausgaben (x und y) wie folgt abhängig:

$$U(x,y) = \frac{40x}{2 + 0{,}002x} + \frac{30y}{3 + 0{,}0015y} \quad \text{(Angaben in TDM)}$$

Die Kalkulation des Versandhauses ist so ausgerichtet, daß der Rohgewinn 15 % des Umsatzes ergibt, wovon die Ausgaben für die Katalogherstellung x und y noch subtrahiert werden müssen.

6. Grundlagen der Integralrechnung

6.1 Das unbestimmte Integral

Zu den meisten mathematischen Operationen lassen sich Umkehroperationen bestimmen, die den Rechenvorgang wieder rückgängig machen. Beispielsweise ist die Umkehroperation zur Addition die Subtraktion, zur Multiplikation ist es die Division und zur Potenzrechnung ist es die Wurzelrechnung. Auch zur Differentialrechnung gibt es eine Umkehroperation, die Integralrechnung, die aus der differenzierten Funktion (der 1. Ableitung) wieder die Ursprungsfunktion erzeugt.

Wenn die erste Ableitung f einer Funktion F bekannt ist (F '(x) = f(x)) und die Funktion F gesucht ist, so läßt sich dieses Problem mit Hilfe der Integralrechnung lösen.

Man bezeichnet F als **Stammfunktion** der gegebenen Funktion f, wenn die erste Ableitung von F die Funktion f ergibt.

$$F '(x) = f(x)$$

Beispiel 6.1: Stammfunktion

Gegeben ist die Grenzumsatzfunktion Funktion $f(x) = x^3$
Wie lautet die zugehörige Stammfunktion?

$$F(x) = \frac{1}{4} x^4 \quad da\ F '(x) = x^3 = f(x)$$

Bei der gefundenen Funktion F handelt es sich um eine, aber nicht um die einzige Stammfunktion zu f. Weitere Stammfunktionen sind zum Beispiel:

$$F(x) = \frac{1}{4} x^4 + 18 \quad F '(x) = x^3 = f(x)$$

$$F(x) = \frac{1}{4} x^4 - 308.700 \quad F '(x) = x^3 = f(x)$$

Diese Beispiele zeigen, daß es keine eindeutige Lösung gibt. Addiert man zu einer gefundenen Stammfunktion eine beliebige Konstante, erhält man eine weitere Stammfunktion, da jede Konstante beim Differenzieren wegfällt.

Wenn F eine Stammfunktion zu f ist, ist auch F + C eine Stammfunktion zu f. C ist eine beliebige Konstante (**Integrationskonstante**).

Das **unbestimmte Integral** entspricht allen Stammfunktionen von f.
Man schreibt: $F(x) + C = \int f(x)\ dx$ Dabei ist $\int$ das Integralzeichen, f(x) der Integrand und x die Integrationsvariable.

Die Ermittlung von Stammfunktionen zu einer gegebenen Funktion, das Integrieren, erfordert wie das Differenzieren die Kenntnis der Integrale der elementaren Funktionen, mit deren Hilfe man die meisten Funktionen integrieren kann.

Stammfunktionen für einige wichtige elementare Funktionen :

$$\int 1\ dx = x + C$$

$$\int x^n\ dx = \frac{1}{n+1} x^{n+1} + C \qquad n \neq -1$$

$$\int \frac{1}{x}\ dx = \ln |x| + C \qquad \text{da ln x nur für } x > 0 \text{ definiert ist}$$

$$\int a^x\ dx = \frac{a^x}{\ln a} + C \qquad a \neq 1$$

$$\int e^x\ dx = e^x + C$$

Summenregel:

$$\int [\, f(x) + g(x)\,]\ dx = \int f(x)\ dx + \int g(x)\ dx = F(x) + G(x) + C$$

Zur Integration von komplexeren Funktionen kann auf Integrationsregeln zurückgegriffen werden, mit deren Hilfe diese Funktionen sich auf einfache Grundformen reduzieren lassen. Diese Regeln werden hier nicht behandelt; es soll eine Beschränkung auf das Integrieren von elementaren Funktionen erfolgen.
Die erste Ableitung einer Funktion läßt sich geometrisch als die Steigung dieser Funktion interpretieren. Für das unbestimmte Integral ist eine solche anschauliche Deutung nicht möglich. Es läßt sich nur als Umkehroperation zur Differentiation erklären.

Übungsaufgaben zum 6. Kapitel

Aufgabe 6.1:

Bestimmen Sie die Stammfunktion der folgenden Funktionen

1. $f(x) = x$

2. $f(x) = e^x + x^6$

3. $f(x) = \sqrt[7]{x} + 7$

4. $f(x) = \dfrac{1}{x^2}$

5. $f(x) = \dfrac{1}{\sqrt{x}}$

6. $f(x) = 5x^4 + 3x^2 - x + 2\sqrt{x} - 9$

6.2 Das bestimmte Integral

Neben dieser nicht sehr anschaulichen Interpretation der Integration als Umkehrung der Differentialrechnung gibt es eine zweite Aufgabe der Integralrechnung. Sie liegt in der Berechnung eines **Flächeninhaltes** in einem vorgegebenen Intervall unter einer Kurve, die durch eine Funktion beschrieben wird. Ausgehend von der abgebildeten Funktion, die stetig ist und oberhalb der x-Achse verläuft, ist die Fläche zwischen der Kurve und der x-Achse im Intervall von a bis b gesucht.

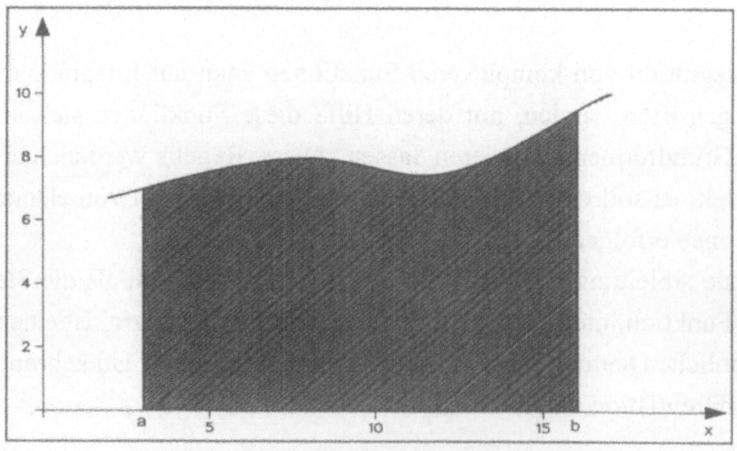

$\int\limits_a^b f(x)\ dx$ ist das **bestimmte Integral** der Funktion f in den Grenzen a

und b. a ist die untere und b die obere **Integrationsgrenze**.

Das bestimmte Integral entspricht der Fläche, die zwischen einer oberhalb der x-Achse liegenden Kurve und der Abszisse innerhalb des Intervalls (a,b) liegt. Das bestimmte Integral läßt sich mit Hilfe von Stammfunktionen einfach ermitteln.

Es gilt: $\qquad \int\limits_a^b f(x)\ dx = [\,F(x)\,]_a^b = F(b) - F(a)$

Diese Formel sagt aus, daß der Wert des bestimmten Integrals gleich der Differenz aus dem Wert einer Stammfunktion an der oberen Grenze und dem an der unteren Grenze ist.

Beispiel 6.2: Flächenberechnung

Berechnung der Fläche unter der Funktion $f(x) = 2x^2$ zwischen den Integrationsgrenzen 1 und 3.

$$\int 2x^2\ dx = \frac{2}{3}\,x^3 + C = F(x)$$

$$\int\limits_1^3 2x^2\ dx = F(3) - F(1) = \frac{54}{3} + C - \left(\frac{2}{3} + C\right) = \frac{54}{3} - \frac{2}{3} = 17,\overline{33}$$

Das Beispiel zeigt, daß die Integrationskonstante bei der Berechnung wegfällt, so daß von einer beliebigen Stammfunktion (mit beliebiger Integrationskonstante) ausgegangen werden kann.

Zu Beginn des Kapitels wurde zur Vereinfachung festgelegt, daß die Kurve der Funktion in dem betrachteten Intervall oberhalb der x-Achse verlaufen soll.

Wenn f unterhalb der x-Achse liegt, dann ist das Integral negativ.

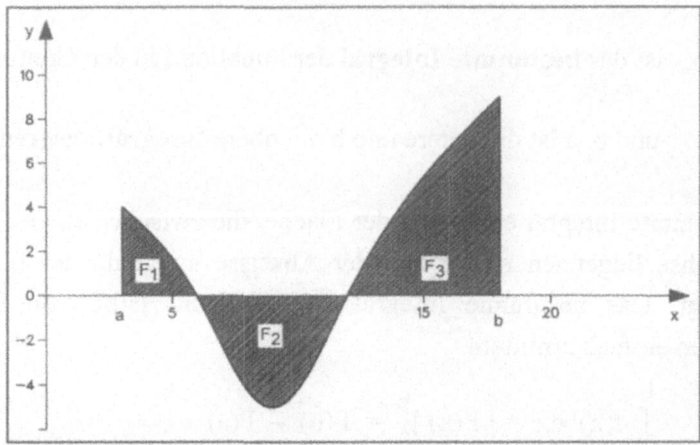

Eine Integration der Funktion aus der Abbildung von der unteren Integrationsgrenze a bis zur oberen b würde dazu führen, daß die Fläche zu klein ausgewiesen würde, da die Fläche oberhalb der x-Achse $(F_1 + F_3)$ um den

Wert der Fläche unterhalb vermindert würde: $F = F_1 - F_2 + F_3$.

Aus diesem Grund ist es notwendig, zunächst zu überprüfen, ob die Funktion in dem angegebenen Intervall Nullstellen hat. Dann teilt man das Intervall (a,b) in Teilintervalle auf, die jeweils bis zur nächsten Nullstelle reichen. Die Integrale über die Teilintervalle werden betragsmäßig erfaßt.

Beispiel 6.3: Flächenberechnung

Berechnen Sie die Fläche von $f(x) = x$ im Intervall $(-4; 4)$
Die Funktion hat eine Nullstelle bei $x = 0$.

$$\left| \int_{-4}^{0} x \, dx \right| + \left| \int_{0}^{4} x \, dx \right| = \left| \left[\frac{x^2}{2} \right]_{-4}^{0} \right| + \left| \left[\frac{x^2}{2} \right]_{0}^{4} \right|$$

$$= \left| 0 - \frac{16}{2} \right| + \left| \frac{16}{2} - 0 \right| = 8 + 8 = 16$$

Dagegen hat das Integral im Intervall $(-4,4)$ den Wert Null, da die beiden Flächenteile unterhalb und oberhalb der x-Achse gleich groß sind und sich gegenseitig aufheben.

<u>**Übungsaufgaben zum 6. Kapitel**</u>

Aufgabe 6.2:

Berechnen Sie folgende bestimmte Integrale

1. $\displaystyle\int_{0}^{1} e^{x}\ dx$

2. $\displaystyle\int_{0}^{4} \left(\frac{1}{2} x^{4}\right)\ dx$

Aufgabe 6.3:

Berechnen Sie die Fläche zwischen x-Achse und der Funktion innerhalb der angegebenen Grenzen. Beachten Sie dabei, ob Nullstellen innerhalb des Intervalls liegen.

Fertigen Sie zur Kontrolle eine Skizze an.

1. $f(x) = 3x + 2 \qquad a = 0 \quad b = 4$

2. $f(x) = 3x^{2} - 6x \qquad a = -1 \quad b = 3$

Aufgabe 6.4:

Diskutieren Sie die Funktion $f(x) = 2x^{3} - 4x^{2} + 2x$

Skizzieren Sie die Funktion und berechnen Sie die Gesamtfläche, die von den Nullstellen eingeschlossen wird.

6.3 Wirtschaftswissenschaftliche Anwendungen

Die Bedeutung der Integralrechnung für wirtschaftliche Probleme liegt in den beiden beschriebenen Aufgabenstellungen. Zum einen erlaubt die Integration die Umkehrung der Differentiation; also den Schluß vom Grenzverhalten einer ökonomischen Größe auf die Funktion selbst. Zum anderen erlaubt sie die Berechnung von Flächen, die von ökonomischen Funktionen begrenzt werden.

Schluß von der Grenzkostenfunktion auf die Gesamtkostenfunktion

Aus dem Änderungsverhalten der Kosten bei alternativen Produktionsmengen lassen sich Rückschlüsse auf die Kostenfunktion ziehen.

Beispiel 6.4: Schluß von der Grenzkostenfunktion

Gegeben ist eine Kostenfunktion: $K(x) = 3x^2 - 2x + 180$
Diese Kostenfunktion setzt sich zusammen aus einem Bestandteil, der die variablen Kosten beschreibt $K_v(x) = 3x^2 - 2x$ und den Fixkosten in Höhe von $K_f = 180$.

Die Grenzkostenfunktion lautet: $K'(x) = 6x - 2$

Der Versuch, aus dieser Grenzkostenfunktion durch Integration wieder zur Gesamtkostenfunktion zu gelangen, führt zu dem Ergebnis:

$$K(x) = \int K'(x)\ dx = \int (6x - 2)\ dx = 3x^2 - 2x + C = K_v(x) + C$$

Die Integrationskonstante entspricht den Fixkosten.

Das Beispiel zeigt: aus der Kenntnis der Grenzkostenfunktion allein ist die Bestimmung der Gesamtkostenfunktion mit Hilfe der Integration nicht möglich. Zusätzlich ist es notwendig, die Höhe der Fixkosten zu kennen.

Schluß von der Grenzumsatzfunktion auf die Gesamtumsatzfunktion

Da in der Umsatzfunktion keine fixen Bestandteile enthalten sind, die bei der Berechnung der ersten Ableitung verloren gingen, kann die Gesamtumsatzfunktion $U(x)$ durch Integration aus der Grenzumsatzfunktion $U'(x)$ ermittelt werden: $U(x) = \int U'(x)\ dx$

Übungsaufgabe zum 6. Kapitel

Aufgabe 6.5:

Berechnen Sie die gewinnmaximale Absatzmenge mittels der folgenden Angaben.

$$K'(x) = 3x^2 - 6x + 3$$

$$U'(x) = 16 - 4x$$

Die Gesamtkosten betragen 733 DM bei einer Produktionsmenge von 10 Stück. Wie hoch ist der Gewinn, der dann erzielt wird, und welcher Preis gilt unter diesen Voraussetzungen?

Bestimmung der Fläche unter einer ökonomischen Funktion am Beispiel einer Leistungskurve

Beispiel 6.5: Leistungsfunktion

Für ein Produktionsteam in der Automobilbranche gilt für einen Arbeitstag von 7 Stunden folgende Leistungsfunktion L gemessen in Stückzahl pro Stunde:

$$L(t) = 2000 - 506{,}25\,t + 225\,t^2 - 25\,t^3$$

Wann werden die maximale und minimale Leistung erreicht und wie hoch sind sie?

Wieviel Stück werden an einem Arbeitstag (7 Stunden) produziert?

Wie hoch ist die durchschnittliche Leistungsfähigkeit eines Tages?

Wie hoch ist sie in der dritten Stunde?

Extremwertbestimmung:

$$L'(t) = -506{,}25 + 450\,t - 75\,t^2 = 0$$

$$t^2 - 6\,t + 6{,}75 = 0$$

$$t_{1,2} = \frac{6}{2} \pm \sqrt{\frac{36}{4} - 6{,}75}$$

$$t_1 = 4{,}5 \quad t_2 = 1{,}5$$

$L''(4,5) = 450 - 150\,t = -225 \rightarrow$ Maximum bei 4,5 Stunden

$L\,(4,5) = 2000$ Stück pro Stunde, wobei hier zu beachten ist, daß dieses Maximum mit dem Maximum am Rand des Intervalles für $t = 0$ übereinstimmt

$L''(1,5) = 450 - 150\,t = 225 \rightarrow$ Minimum bei 1,5 Stunden

$L\,(1,5) = 1662,5$ Stück pro Stunde

Stückzahl und durchschnittliche Leistungsfähigkeit:

an einem Arbeitstag: $\int (2000 - 506,25t + 225\,t^2 - 25\,t^3)\;dx =$

$[\,2000t - 253,125\,t^2 + 75\,t^3 - 6,25\,t^4\,]_0^7 = 12315,625$ Stück

durchschnittliche Leistungsfähigkeit pro Tag: 1759,375 Stück pro Stunde

durchschnittliche Leistungsfähigkeit in der 3. Stunde:

$\int (2000 - 506,25t + 225\,t^2 - 25\,t^3)\;dx =$

$[\,2000t - 253,125\,t^2 + 75\,t^3 - 6,25\,t^4\,]_2^3 = 5240,625 - 3487,5 =$

1753,125 Stück pro Stunde

Bestimmung der Konsumentenrente

Eine weitere wichtige Anwendung findet die Integralrechnung für die Wirtschaftswissenschaften bei der Bestimmung der sogenannten Konsumenten- und Produzentenrente.

Auf einem Markt stellt sich durch Gegenüberstellung von Angebots- und Nachfragefunktion ein Gleichgewichtspreis ein, der durch den Schnittpunkt der beiden Funktionen bestimmt ist. Manche Konsumenten wären aber auch bereit, einen höheren Preis als den Gleichgewichtspreis für das Produkt zu zahlen. Dadurch, daß sie das Produkt zu einem niedrigeren Preis erwerben können, sparen sie einen bestimmten Betrag, der **Konsumentenrente** genannt wird.

Ebenso wären auch einige Produzenten bereit, das Produkt zu einem niedrigeren Preis zu veräußern. Sie erzielen durch den Gleichgewichtspreis eine Mehreinnahme, die **Produzentenrente**.

Beispiel 6.6: Konsumenten- und Produzentenrente

Die Nachfrage nach einem bestimmten Gut ergibt sich aus der

Nachfragefunktion: $\quad p = 200 - \dfrac{1}{2}\,x$

Die Angebotsfunktion lautet: $p = \dfrac{3}{4}\,x + 50$

Durch Gleichsetzen der Geradengleichungen ergibt sich der Schnittpunkt, der Gleichgewichtspreis und -menge angibt.

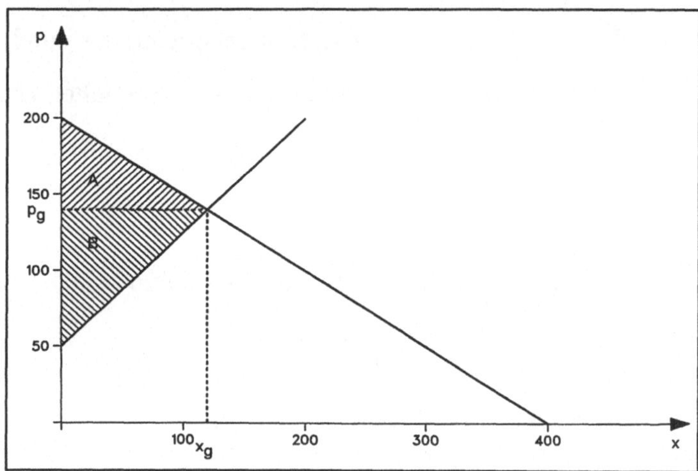

Bei einem Preis von $p_g = 140$ gleichen sich Angebot und Nachfrage aus. Die abgesetzte Menge beträgt dann $x_g = 120$.

Einige der Käufer wären aber auch bei einem höheren Preis zum Kauf des Produktes bereit; bis zu einem Maximalpreis von 200 DM könnte ein zusätzlicher Umsatz erzielt werden. Die Käufer sparen also einen Betrag, die Konsumentenrente, die der Fläche A in der Abbildung entspricht.

Auf der anderen Marktseite wären auch einige Produzenten bereit, ihre Produkte zu einem niedrigeren Preis zu verkaufen. Bis zu einem Minimalpreis von 50 DM finden sich angebotene

Güter. Die Anbieter erzielen Mehreinnahmen (die Produzentenrente) in Höhe der Fläche B.

Die Bestimmung der Flächen ist in diesem Beispiel noch durch
geometrische Berechnungen möglich, aber bei nichtlinearen
Funktionen ist dazu die Integralrechnung notwendig.

$$A = 120 \cdot (200 - 140) \cdot \frac{1}{2} = 3.600$$

$$B = 120 \cdot (140 - 50) \cdot \frac{1}{2} = 5.400$$

oder

$$A = \int_0^{120} \left(200 - \frac{1}{2}\,x\right)\,dx - 120 \cdot 140$$

Wobei $120 \cdot 140$ dem Rechteck entspricht, das durch x_g und p_g
begrenzt wird. Dieses Rechteck gibt den erzielten Umsatz an.

$$A = \left[200x - \frac{1}{4}x^2\right]_0^{120} - 120 \cdot 140$$

$$= (24.000 - 3.600) - 0 - 16.800 = 3.600$$

$$B = 120 \cdot 140 - \int_0^{120} \left(\frac{3}{4}\,x + 50\right)\,dx$$

$$= 120 \cdot 140 - \left[\frac{3}{8}x^2 + 50x\right]_0^{120}$$

$$= 16.800 - ((5.400 + 6.000) - 0) = 5.400$$

<u>Übungsaufgaben zum 6. Kapitel</u>

Aufgabe 6.6:

Die Häufigkeit n der Prüfungsnoten von 2300 Schülern beim Zentralabitur

sei durch die Funktion $n(x) = s \cdot (- 0{,}27\, x^2 + 1{,}62\, x - x)$ angenähert, wobei

x die Note ist und $0{,}7 \le x \le 5{,}3$ gilt.

a) Wieviel Prozent der Schüler haben eine Note zwischen 2,0 und besser?

b) Wieviel Prozent der Schüler fallen durch (schlechter als 4,0)?

c) Wie hoch ist der Skalierungsfaktor s, wenn die Fläche unter der Kurve
   der Zahl der Schüler entsprechen soll?

Aufgabe 6.7:

Die Nachfragefunktion für ein Produkt lautet: $p = 10 - 0{,}005 \cdot x^2$

Auf dem Markt gilt ein Preis von $p = 8$.

Ermitteln Sie die Konsumentenrente.

7. Matrizenrechnung

7.1 Bedeutung der Matrizenrechnung

Die Matrizenrechnung - als Teil der Linearen Algebra - hat für die Wirtschaftswissenschaften eine sehr große Bedeutung. Mit Hilfe der Matrizenrechnung lassen sich größere Datenblöcke, wie sie in der Ökonomie häufig vorkommen, kompakt verarbeiten. Beziehungen zwischen verschiedenen Blöcken von Daten können mit der Matrizenrechnung sehr übersichtlich - wie in einer Kurzschrift - dargestellt werden. Gefördert durch das Vordringen der EDV, die die rationelle Verarbeitung von großen Datenmassen ermöglicht, breitete sich die Anwendung von Methoden der Matrizenrechnung in der betrieblichen Praxis schnell aus.

7.2 Der Begriff der Matrix

Eine **Matrix** ist eine rechteckige Anordnung von Elementen. Diese Elemente stellen im allgemeinen reelle Zahlen dar; in der höheren Matrizenrechnung können die Elemente der Matrix aber auch Funktionen oder selbst wieder Matrizen sein.

$$\begin{pmatrix} a_{11} & a_{12} & a_{13} & \dots & a_{1n} \\ a_{21} & a_{22} & a_{23} & \dots & a_{2n} \\ . & . & . & \dots & . \\ . & . & . & \dots & . \\ a_{m1} & a_{m2} & a_{m3} & \dots & a_{mn} \end{pmatrix}$$

Diese Matrix besteht aus **m Zeilen** und **n Spalten**. Sie hat $m \cdot n$ Elemente und wird auch als **mxn-Matrix** bezeichnet.

Die einzelnen Zahlen in der Matrix - die Elemente der Matrix - werden mit einem doppelten Index gekennzeichnet: a_{ij}

Der erste Index i gibt die Zeile an, in der das Element steht. Der Index j bezeichnet die entsprechende Spalte. Das Element a_{34} steht beispielsweise in der 3. Zeile der 4. Spalte.

Es ist üblich, Matrizen mit Großbuchstaben des lateinischen Alphabets zu kennzeichnen (**A**, **B**, **C**, ...).

7.3 Spezielle Matrizen

Eine Matrix, die nur aus einer Zeile oder einer Spalte besteht, heißt **Vektor**. Vektoren werden zur Unterscheidung von Matrizen mit Kleinbuchstaben gekennzeichnet.

Spaltenvektor   **Zeilenvektor**

$$\mathbf{a} = \begin{pmatrix} a_1 \\ a_2 \\ a_3 \\ \cdot \\ \cdot \\ a_n \end{pmatrix} \qquad \mathbf{b'} = (b_1 \;\; b_2 \;\; b_3 \;\; ... \;\; b_n)$$

Eine nxn-Matrix, deren Spalten- und Zeilenanzahl gleich ist (m=n), heißt **quadratische Matrix**. Die Elemente mit dem gleichen Index für Zeile und Spalte bilden die **Hauptdiagonale** $(a_{11}, a_{22}, a_{33}, ..., a_{nn})$.

Eine **Einheitsmatrix** E ist eine quadratische Matrix, bei der alle Elemente außerhalb der Hauptdiagonalen gleich Null sind und alle Elemente auf der Hauptdiagonalen gleich 1 sind.

$$\mathbf{E} = \begin{pmatrix} 1 & 0 & 0 & 0 \\ 0 & 1 & 0 & 0 \\ 0 & 0 & 1 & 0 \\ 0 & 0 & 0 & 1 \end{pmatrix}$$

7.4 Matrizenoperationen

7.4.1 Gleichheit von Matrizen

Zwei Matrizen **A** und **B** heißen gleich (**A** = **B**), wenn alle einander entsprechenden Elemente in den Matrizen gleich sind $(a_{ij} = b_{ij})$.

7.4.2 Transponierte von Matrizen

Wenn man in einer Matrix **A** vom Typ mxn die Zeilen und Spalten vertauscht, entsteht die transponierte Matrix, die mit einem hochgestellten Index T oder mit einem Apostroph versehen wird($\mathbf{A}^T$ oder **A'**). Aus a_{ij} wird dann in der transponierten Matrix a_{ji}.

$\mathbf{A}^T$ hat dann n Zeilen und m Spalten. Beim Transponieren ändert sich also der Typ der Matrix.

$$\mathbf{A} = \begin{pmatrix} 3 & 2{,}5 & 4 & 0 \\ 4{,}5 & 0 & 1{,}2 & 5 \end{pmatrix} \qquad \mathbf{A}^T = \begin{pmatrix} 3 & 4{,}5 \\ 2{,}5 & 0 \\ 4 & 1{,}2 \\ 0 & 5 \end{pmatrix}$$

Die Transponierte der transponierten Matrix ergibt wieder die Ursprungsmatrix.

7.4.3 Addition von Matrizen

Addition und Subtraktion sind nur möglich, wenn die Matrizen vom gleichen Typ (von gleicher Ordnung) sind, das heißt die gleiche Zeilen- und Spaltenzahl besitzen. Matrizen werden addiert, indem man die entsprechenden Elemente addiert. Die Subtraktion erfolgt analog.

$$\mathbf{A} = \begin{pmatrix} a_{11} & a_{12} & a_{13} \\ a_{21} & a_{22} & a_{23} \end{pmatrix} \qquad \mathbf{B} = \begin{pmatrix} b_{11} & b_{12} & b_{13} \\ b_{21} & b_{22} & b_{23} \end{pmatrix}$$

$$\mathbf{A} + \mathbf{B} = \begin{pmatrix} a_{11}+b_{11} & a_{12}+b_{12} & a_{13}+b_{13} \\ a_{21}+b_{21} & a_{22}+b_{22} & a_{23}+b_{23} \end{pmatrix}$$

7.4.4 Multiplikation einer Matrix mit einem Skalar

Unter einem Skalar versteht man eine beliebige reelle Zahl, also eine 1x1-Matrix. Eine Matrix **A** wird mit einem Skalar multipliziert, indem man jedes Element der Matrix mit dieser Zahl multipliziert.

$$3 \cdot \begin{pmatrix} 3 & 8 & 7 \\ 1 & 7 & 5 \end{pmatrix} = \begin{pmatrix} 9 & 24 & 21 \\ 3 & 21 & 15 \end{pmatrix}$$

7.4.5 Skalarprodukt von Vektoren

Die Multiplikation eines Zeilenvektors mit einem Spaltenvektor, die beide die gleiche Anzahl von Elementen enthalten, ergibt einen Skalar.

$$\text{Zeilenvektor} \quad \mathbf{a'} = (a_1 \ a_2 \ a_3 \ \dots \ a_n) \qquad \text{Spaltenvektor} \quad \mathbf{b} = \begin{pmatrix} b_1 \\ b_2 \\ b_3 \\ . \\ . \\ b_n \end{pmatrix}$$

Das Skalarprodukt $\mathbf{a'} \cdot \mathbf{b}$ errechnet sich durch Summation der Produkte $a_i \cdot b_i$.

$$\mathbf{a'} \cdot \mathbf{b} = (a_1 \ a_2 \ a_3 \ \dots \ a_n) \begin{pmatrix} b_1 \\ b_2 \\ b_3 \\ . \\ . \\ b_n \end{pmatrix} = a_1 \cdot b_1 + a_2 \cdot b_2 + a_3 \cdot b_3 + \dots + a_n \cdot b_n \in R$$

Beispiel 7.1: Skalarprodukt

$$\mathbf{x'} = (82 \ 54 \ 144 \ 107) \qquad \mathbf{y} = \begin{pmatrix} 110 \\ 190 \\ 130 \\ 95 \end{pmatrix}$$

$$\mathbf{x'} \cdot \mathbf{y} = (82 \ 54 \ 144 \ 107) \cdot \begin{pmatrix} 110 \\ 190 \\ 130 \\ 95 \end{pmatrix}$$

$$= 82 \cdot 110 + 54 \cdot 190 + 144 \cdot 130 + 107 \cdot 95 = 48.165$$

Die Multiplikation eines Spaltenvektors mit einem Zeilenvektor ($\mathbf{b} \cdot \mathbf{a}'$) ergibt dagegen eine Matrix und nicht einen Skalar (vgl. Multiplikation von Matrizen). Eine Vertauschung der Vektoren bei der Multiplikation führt also nicht zum gleichen Ergebnis.

7.4.6 Multiplikation von Matrizen

Die Multiplikation von Matrizen soll anhand eines Beispiels erläutert werden.

Beispiel 7.2: Multiplikation von Matrizen

Eine Krankenhausverwaltung mit fünf angeschlossenen Krankenhäusern sucht Bäckereien zur Belieferung mit Brot, Brötchen und Kuchen. Durch eine Ausschreibung soll der günstigste Lieferant gefunden werden.

Vier Firmen (B_1, B_2, B_3, B_4) bewerben sich um die Belieferung der Krankenhäuser. Die Preise, die die Bäckereien verlangen, sind in folgender Tabelle zusammengestellt (in DM):

Bäckerei	Brot (Sorte G)	Brötchen (einfach)	Kuchen (Sorte S)
B_1	1,90	0,20	0,45
B_2	1,85	0,21	0,44
B_3	2,00	0,18	0,50
B_4	1,93	0,20	0,43

Die Krankenhausverwaltung benötigt die folgenden Mengen für die fünf Krankenhäuser (K_1, K_2, K_3, K_4, K_5):

	K_1	K_2	K_3	K_4	K_5
Brot (Sorte G)	190	150	170	250	90
Brötchen (einfach)	1400	1000	800	1250	800
Kuchen (Sorte S)	600	300	300	500	200

Zum Vergleich der Angebote lassen sich die Gesamtpreise pro Bäckerei für den Bedarf eines jeden Krankenhauses ermitteln. Durch Multiplikation der Preise der jeweiligen Lieferanten mit den Bedarfsmengen der einzelnen Produkte für jedes Krankenhaus ergeben sich die Gesamtkosten.

Für das Krankenhaus K_1 beispielsweise entstehen bei Belieferung durch die Bäckerei B_1 Gesamtkosten in Höhe von:

$$190 \cdot 1{,}90 + 1.400 \cdot 0{,}20 + 600 \cdot 0{,}45 = 911 \text{ DM}$$

Es werden also die Elemente der ersten Zeile von der ersten Tabelle mit den entsprechenden Elementen der ersten Spalte aus der zweiten Tabelle multipliziert und aufsummiert. Entsprechend lassen sich die übrigen Gesamtkosten berechnen.

Bäckerei	K_1	K_2	K_3	K_4	K_5
B_1	911	620	618	950	421
B_2	909,5	619,5	614,5	945	422,5
B_3	932	630	634	975	424
B_4	904,7	618,5	617,1	947,5	419,7

Die Krankenhausverwaltung sollte die Krankenhäuser K_1, K_2, K_5 von der Bäckerei B_4 und die anderen beiden K_3 und K_4 von B_2 beliefern lassen, um die Gesamtkosten zu minimieren.

Die Berechnung der Kostentabelle für jedes Krankenhaus und jeden Lieferanten entspricht der **Multiplikation von zwei Matrizen**. Wenn man die Tabellen als Matrizen auffaßt, sind die Elemente der Gesamtkostenmatrix **Skalarprodukte** der Zeilen der ersten Matrix mit den Spalten der zweiten Matrix.

$$A = \begin{pmatrix} 1{,}90 & 0{,}20 & 0{,}45 \\ 1{,}85 & 0{,}21 & 0{,}44 \\ 2{,}00 & 0{,}18 & 0{,}50 \\ 1{,}93 & 0{,}20 & 0{,}43 \end{pmatrix}$$

$$B = \begin{pmatrix} 190 & 150 & 170 & 250 & 90 \\ 1400 & 1000 & 800 & 1250 & 800 \\ 600 & 300 & 300 & 500 & 200 \end{pmatrix}$$

$$C = A \cdot B = \begin{pmatrix} 911 & 620 & 618 & 950 & 421 \\ 909,5 & 619,5 & 614,5 & 945 & 422,5 \\ 932 & 630 & 634 & 975 & 424 \\ 904,7 & 618,5 & 617,1 & 947,5 & 419,7 \end{pmatrix}$$

Beispielsweise ergibt sich der Wert $c_{34} = 975$ als Skalarprodukt der dritten Zeile von A (Preise der Bäckerei B_3) mit der vierten Spalte von B (Bedarfsmengen des Krankenhauses K_4):

$$a_{31} \cdot b_{14} + a_{32} \cdot b_{24} + a_{33} \cdot b_{34} = c_{34}$$

Allgemein berechnet sich c_{ik}: $\quad c_{ij} = \sum_{k=1}^{n} a_{ik} \cdot b_{kj}$

C hat die Zeilenzahl von A und die Spaltenzahl von B.

Das Produkt C aus den Matrizen A und B ist nur definiert, wenn die Spaltenzahl der ersten Matrix mit der Zeilenzahl der zweiten übereinstimmt.

Mit Hilfe des **Falkschen Schemas** wird eine anschauliche Berechnung von Matrizenmultiplikationen möglich und die Gefahr von Fehlern durch das Vertauschen von Zeilen und Spalten verringert.

$$A = \begin{pmatrix} a_{11} & a_{12} \\ a_{21} & a_{22} \\ a_{31} & a_{32} \\ a_{41} & a_{42} \end{pmatrix} \qquad B = \begin{pmatrix} b_{11} & b_{12} & b_{13} \\ b_{21} & b_{22} & b_{23} \end{pmatrix}$$

Falksches Schema zur Berechnung von $C = A \cdot B$

$$\begin{array}{cc} & \begin{pmatrix} b_{11} & b_{12} & b_{13} \\ b_{21} & b_{22} & b_{23} \end{pmatrix} \\ \begin{pmatrix} a_{11} & a_{12} \\ a_{21} & a_{22} \\ a_{31} & a_{32} \\ a_{41} & a_{42} \end{pmatrix} & \begin{pmatrix} c_{11} & c_{12} & c_{13} \\ c_{21} & c_{22} & c_{23} \\ c_{31} & c_{32} & c_{33} \\ c_{41} & c_{42} & c_{43} \end{pmatrix} \end{array}$$

A und **B** sind multiplizierbar, da die Spaltenzahl von **A** mit der Zeilenzahl von **B** übereinstimmt. Durch die Anordnung der Matrizen nach obigem Schema wird deutlich, daß c_{32} das Skalarprodukt der dritten Zeile von **A** und der zweiten Spalte von **B** darstellt.

$$c_{32} = a_{31} \cdot b_{12} + a_{32} \cdot b_{22}$$

Beispiel 7.3: Multiplikation von Matrizen

$$A = \begin{pmatrix} 3 & 4 \\ 1 & 6 \\ 7 & 5 \\ 0 & 3 \end{pmatrix} \qquad B = \begin{pmatrix} 3 & 8 & 7 \\ 1 & 7 & 5 \end{pmatrix}$$

$$C = A \cdot B$$

$$\begin{pmatrix} 3 & 4 \\ 1 & 6 \\ 7 & 5 \\ 0 & 3 \end{pmatrix} \quad \begin{array}{c} \begin{pmatrix} 3 & 8 & 7 \\ 1 & 7 & 5 \end{pmatrix} \\ \begin{pmatrix} 13 & 52 & 41 \\ 9 & 50 & 37 \\ 26 & 91 & 74 \\ 6 & 21 & 15 \end{pmatrix} \end{array}$$

c_{22} errechnet sich z. B. als $\quad c_{22} = 1 \cdot 8 + 6 \cdot 7 = 50$

In diesem Beispiel ist die Multiplikation von $B \cdot A$ nicht definiert. Die Matrizenmultiplikation ist nicht kommutativ. Es kommt im Gegensatz zur Multiplikation von reellen Zahlen auf die Reihenfolge an.

$$A \cdot B \neq B \cdot A$$

In den Wirtschaftswissenschaften wird die Matrizenrechnung häufig zur **Analyse von zweistufigen Produktionsprozessen** benötigt.

Beispiel 7.4: Analyse von zweistufigen Produktionsprozessen

In einem Unternehmen werden aus drei Rohstoffen vier verschiedene Zwischenprodukte gefertigt, die wieder der Herstellung von zwei verschiedenen Endprodukten dienen.

Rohstoffe	Rohstoffbedarf für Zwischenprodukte			
	Z_1	Z_2	Z_3	Z_4
R_1	2	4	4	3
R_2	2	0	1	5
R_3	1	3	0	2

Um eine Einheit von Z_3 zu fertigen, werden vier Einheiten R_1 und eine Einheit R_2 benötigt.

In Matrizenschreibweise ergibt sich: $\mathbf{A} = \begin{pmatrix} 2 & 4 & 4 & 3 \\ 2 & 0 & 1 & 5 \\ 1 & 3 & 0 & 2 \end{pmatrix}$

Wie groß ist der Rohstoffverbrauch pro Mengeneinheit der Endprodukte, wenn:

Zwischenprodukte	Zwischenproduktbedarf für Endprodukte	
	E_1	E_2
Z_1	5	0
Z_2	1	2
Z_3	0	4
Z_4	2	3

$$B = \begin{pmatrix} 5 & 0 \\ 1 & 2 \\ 0 & 4 \\ 2 & 3 \end{pmatrix}$$

Durch folgenden Gozintographen läßt sich die Situation darstellen:

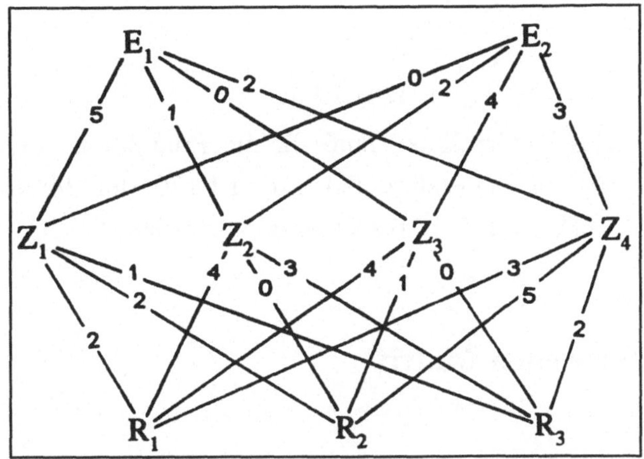

Durch Multiplikation der Matrizen läßt sich der Rohstoffverbrauch pro Mengeneinheit der Endprodukte ermitteln.

$$\mathbf{A} \cdot \mathbf{B} = \mathbf{C} \quad \begin{pmatrix} 2 & 4 & 4 & 3 \\ 2 & 0 & 1 & 5 \\ 1 & 3 & 0 & 2 \end{pmatrix} \cdot \begin{pmatrix} 5 & 0 \\ 1 & 2 \\ 0 & 4 \\ 2 & 3 \end{pmatrix} = \begin{pmatrix} 20 & 33 \\ 20 & 19 \\ 12 & 12 \end{pmatrix}$$

	Rohstoffbedarf für Endprodukt	
Rohstoffe	E_1	E_2
R_1	20	33
R_2	20	19
R_3	12	12

Zur Produktion einer Mengeneinheit des Endproduktes E_1
werden also 20 Mengeneinheiten des Rohstoffs R_1, ebenfalls
20 Einheiten R_2 sowie 12 Mengeneinheiten von R_3 benötigt.
Wieviel Geld muß das Unternehmen für die einzelnen Endprodukte für Rohstoffe pro Zeitperiode bezahlen, wenn:

Rohstoff	Preis (in DM)
R_1	20,-
R_2	15,-
R_3	35,-

$$(\; 20 \;\; 15 \;\; 35 \;) \begin{pmatrix} 20 & 33 \\ 20 & 19 \\ 12 & 12 \end{pmatrix} = (\; 1120 \;\; 1365 \;)$$

Das Unternehmen muß für die Produktion von jeweils einer Einheit von Endprodukt E_1 DM 1.120,- und für das Endprodukt E_2 DM 1.365,- pro Zeitperiode bezahlen.

7.4.7 Inverse einer Matrix

Eine quadratische Matrix A^{-1}, die mit der quadratischen Matrix A multipliziert die Einheitsmatrix ergibt, heißt **inverse Matrix**. Dabei ist es gleichgültig, ob die Multiplikation von rechts oder links erfolgt.

$$A \cdot A^{-1} = A^{-1} \cdot A = E$$

Die Inverse ist nur für quadratische Matrizen definiert. Allerdings existiert nicht für jede quadratische Matrix eine Inverse.

Beispiel 7.5: Inverse

$$A = \begin{pmatrix} 1 & 3 \\ -2 & -2 \end{pmatrix} \qquad A^{-1} = \begin{pmatrix} -0,5 & -0,75 \\ 0,5 & 0,25 \end{pmatrix}$$

$$A \cdot A^{-1} = \begin{pmatrix} 1 & 0 \\ 0 & 1 \end{pmatrix} = A^{-1} \cdot A$$

Die Bildung der Inversen einer Matrix ist ein oft benötigtes Verfahren, um Gleichungen aufzulösen, da eine der Division entsprechende Operation in der Matrizenrechnung nicht existiert.

Beispiel 7.6: Inverse

$$A \cdot X = B$$

$$A^{-1} \cdot A \cdot X = A^{-1} \cdot B$$

$$E \cdot X = A^{-1} \cdot B$$

$$X = A^{-1} \cdot B$$

$$\begin{pmatrix} 1 & 3 \\ -2 & -2 \end{pmatrix} \cdot X = \begin{pmatrix} 5 & 4 \\ -3 & 0 \end{pmatrix}$$

$$X = \begin{pmatrix} -0,5 & -0,75 \\ 0,5 & 0,25 \end{pmatrix} \cdot \begin{pmatrix} 5 & 4 \\ -3 & 0 \end{pmatrix} = \begin{pmatrix} 5 & 4 \\ -3 & 0 \end{pmatrix}$$

Praktisches Verfahren zur Berechnung einer Inversen:

1. Bildung einer erweiterten Matrix

   (Anhängen der entsprechenden Einheitsmatrix an die Matrix **A**, zu der die Inverse gebildet werden soll)

2. Umformung der Matrix **A** in die Einheitsmatrix ausschließlich durch folgende Zeilenumformungen:

   - **Vertauschen** von zwei Zeilen

   - **Multiplikation** (Division) einer Zeile mit einer Konstanten (ungleich Null)

   - **Addition** (Subtraktion) einer Zeile zu einer anderen Zeile

     wobei jeweils dieselben Umformungen an der entsprechenden Zeile der angehängten Einheitsmatrix vorgenommen werden müssen.

3. Gelingt die Umformung von **A** in die Einheitsmatrix, so ist die angehängte Matrix die Inverse A^{-1}.

   Gelingt die Umformung nicht, existiert zu **A** keine Inverse A^{-1}.

Beispiel 7.7: Inverse

$$A = \begin{pmatrix} 3 & 1 \\ 5 & 0 \end{pmatrix}$$

1. $\left(\begin{array}{cc|cc} 3 & 1 & 1 & 0 \\ 5 & 0 & 0 & 1 \end{array} \right)$

2. $\left(\begin{array}{cc|cc} 3 & 1 & 1 & 0 \\ 5 & 0 & 0 & 1 \end{array} \right)$ Vertauschen der beiden Zeilen

$\left(\begin{array}{cc|cc} 5 & 0 & 0 & 1 \\ 3 & 1 & 1 & 0 \end{array} \right)$ 1. Zeile: Division durch 5

$\left(\begin{array}{cc|cc} 1 & 0 & 0 & 0,2 \\ 3 & 1 & 1 & 0 \end{array} \right)$ 1. Zeile: Multiplikation mit (-3),

         Addition zur 2. Zeile

$$\begin{pmatrix} 1 & 0 & | & 0 & 0,2 \\ 0 & 1 & | & 1 & -0,6 \end{pmatrix}$$

3. Die Umformung von **A** zur Einheitsmatrix ist gelungen. Also existiert die Inverse $\mathbf{A}^{-1}$ und $\mathbf{A}^{-1} = \begin{pmatrix} 0 & 0,2 \\ 1 & -0,6 \end{pmatrix}$

Probe: Zu zeigen ist, daß $\mathbf{A} \cdot \mathbf{A}^{-1} = \mathbf{A}^{-1} \cdot \mathbf{A} = \mathbf{E}$

$$\begin{pmatrix} 3 & 1 \\ 5 & 0 \end{pmatrix} \cdot \begin{pmatrix} 0 & 0,2 \\ 1 & -0,6 \end{pmatrix} = \begin{pmatrix} 1 & 0 \\ 0 & 1 \end{pmatrix}$$

$$\begin{pmatrix} 0 & 0,2 \\ 1 & -0,6 \end{pmatrix} \cdot \begin{pmatrix} 3 & 1 \\ 5 & 0 \end{pmatrix} = \begin{pmatrix} 1 & 0 \\ 0 & 1 \end{pmatrix}$$

<u>Übungsaufgaben zum 7. Kapitel</u>

Aufgabe 7.1:

Führen Sie folgende Matrizenoperationen durch, oder begründen Sie, warum das nicht möglich ist.

a) $\begin{pmatrix} 1 & 7 \\ 8 & 3 \\ 2 & 8 \end{pmatrix} \cdot \begin{pmatrix} 5 \\ 6 \\ 3 \end{pmatrix}$

b) $\begin{pmatrix} 9 & 6 & -2 \end{pmatrix} \cdot \begin{pmatrix} 1 & 0 & -3 & 2 \\ 3 & 7 & 5 & 0 \\ 3 & 9 & 6 & -6 \end{pmatrix}$

c) $\begin{pmatrix} 8 & 6 \\ 8 & -4 \\ 6 & 4 \end{pmatrix} \cdot \begin{pmatrix} 5 & -5 & 3 \\ 7 & 0 & -5 \end{pmatrix}$

d) $\begin{pmatrix} 6 & 8 & 9 \\ 8 & 4 & 9 \\ 5 & 4 & 9 \end{pmatrix} - \begin{pmatrix} 6 & 4 & 5 \\ 8 & 4 & 5 \\ 4 & 4 & 0 \end{pmatrix}$

e) $\begin{pmatrix} 1 \\ -3 \\ 6 \end{pmatrix} \cdot \begin{pmatrix} 1 & 8 \end{pmatrix}$

f) $\begin{pmatrix} 9 & 5 & 0 \end{pmatrix} \cdot \begin{pmatrix} 8 \\ 6 \\ 2 \end{pmatrix}$

g) $\begin{pmatrix} 6 & 6 \\ 1 & 9 \end{pmatrix} \cdot \begin{pmatrix} -4 & -3 \\ -9 & -4 \end{pmatrix}$

und Multiplikation in umgekehrter Reihenfolge

h) $\begin{pmatrix} 0 & -8 & 5 \\ 6 & 3 & -2 \end{pmatrix} + \begin{pmatrix} 5 & 4 \\ -3 & 0 \end{pmatrix}$

i) $\begin{pmatrix} 1 & -6 & 2 \\ -7 & 3 & 2 \\ 8 & 0 & -6 \end{pmatrix} \cdot \begin{pmatrix} 1 & 0 & 0 \\ 0 & 1 & 0 \\ 0 & 0 & 1 \end{pmatrix}$

Aufgabe 7.2:

Ein Unternehmen stellt drei Produkte her (P_1, P_2, P_3) und benötigt für die Produktion drei Maschinen (M_1, M_2, M_3).

Die notwendigen Maschinenzeiten sind in der folgenden Tabelle aufgeführt:

	Maschinenzeiten in Min.		
	M_1	M_2	M_3
P_1	2	8	6
P_2	5	8	5
P_3	4	6	6

Für die beiden Halbjahre eines Jahres sind folgende Absatzmengen geplant:

	1. Halbj.	2. Halbj.
P_1	80	100
P_2	100	90
P_3	50	40

a) Welche Maschinenzeiten bei den drei Maschinen werden zur Herstellung der für das erste Halbjahr geplanten Mengen benötigt?

b) Die Preise für die drei Produkte werden in beiden Halbjahren gleich sein:

	Preis
P_1	40
P_2	60
P_3	70

Wie hoch sind die gesamten Umsätze in den beiden Halbjahren?

c) Welche Betriebskosten werden durch die Produktion im ersten Halbjahr verursacht, wenn eine Betriebsstunde bei M_1 30 DM, bei M_2 54 DM und bei M_3 66 DM kostet?

d) Zu den Betriebskosten kommen im ersten Halbjahr nur noch Kosten für Einzelteile in folgender Höhe pro Mengeneinheit der Endprodukte hinzu:

	Kosten für Einzelteile
P_1	24
P_2	28
P_3	15

Wie hoch wird der Gewinn des ersten Halbjahres sein?

Aufgabe 7.3:

Die Matrizenrechnung findet in der Ökonomie eine wichtige Anwendung, wenn die Materialverflechtungen in einem mehrstufigen Produktionsprozeß analysiert werden sollen.

Ein Unternehmen stellt in einem mehrstufigen Produktionsprozeß aus den Rohstoffen R_1, R_2 und R_3 die Halbfertigfabrikate H_1, H_2 und H_3 her.

Daraus werden die Einzelteile E_1, E_2 und E_3 montiert, aus denen dann in der letzten Stufe die Endprodukte P_1 und P_2 montiert werden. Für eine Mengeneinheit der Halbfertigfabrikate werden folgende Rohstoffmengen verbraucht:

	H_1	H_2	H_3
R_1	2	4	2
R_2	5	8	8
R_3	5	3	2

Der Verbrauch der Halbfertigfabrikate für die Einzelteile ist:

	E_1	E_2	E_3
H_1	2	5	0
H_2	7	5	4
H_3	3	4	7

In der letzten Stufe werden dann folgende Mengen der Einzelteile für die Endprodukte benötigt:

	P_1	P_2
E_1	9	8
E_2	6	4
E_3	1	8

Stellen Sie die Matrix auf, die den Gesamtverbrauch an Rohstoffen für die Endprodukte angibt.

7.5 Lineare Gleichungssysteme

7.5.1 Lineare Gleichungssysteme in Matrizenschreibweise

Mehrere lineare Gleichungen, die dieselben Variablen betreffen, bilden ein lineares Gleichungssystem. Ein lineares Gleichungssystem mit m Gleichungen und n Variablen (x_1, x_2, ..., x_n) hat allgemein die Form:

$$a_{11} \cdot x_1 + a_{12} \cdot x_2 + ... + a_{1n} \cdot x_n = b_1$$

$$a_{21} \cdot x_1 + a_{22} \cdot x_2 + ... + a_{2n} \cdot x_n = b_2$$

$$\vdots$$

$$a_{m1} \cdot x_1 + a_{m2} \cdot x_2 + ... + a_{mn} \cdot x_n = b_m$$

Für die Lösung des Gleichungssystems ist eine Darstellung in Matrizenschreibweise sinnvoll. Die Matrix **A** ist eine Koeffizientenmatrix; sie umfaßt die Vorzahlen der n Variablen.

$$
\mathbf{A} = \begin{pmatrix}
a_{11} & a_{12} & \dots & a_{1n} \\
a_{21} & a_{22} & \dots & a_{2n} \\
\cdot & \cdot & \cdots & \cdot \\
\cdot & \cdot & \cdots & \cdot \\
a_{m1} & a_{m2} & \cdots & a_{mn}
\end{pmatrix}
$$

Das Produkt dieser Matrix **A** mit dem Spaltenvektor **x**

$$
\mathbf{x} = \begin{pmatrix}
x_1 \\
x_2 \\
\cdot \\
\cdot \\
x_n
\end{pmatrix}
$$

ergibt den Spaltenvektor **b**, der die rechte Seite des Gleichungssystems bildet.

$$
\mathbf{b} = \begin{pmatrix}
b_1 \\
b_2 \\
\cdot \\
\cdot \\
b_n
\end{pmatrix}
$$

$$
\begin{pmatrix}
a_{11} & a_{12} & \dots & a_{1n} \\
a_{21} & a_{22} & \dots & a_{2n} \\
\cdot & \cdot & \cdots & \cdot \\
\cdot & \cdot & \cdots & \cdot \\
a_{m1} & a_{m2} & \cdots & a_{mn}
\end{pmatrix}
\cdot
\begin{pmatrix}
x_1 \\
x_2 \\
\cdot \\
\cdot \\
x_n
\end{pmatrix}
=
\begin{pmatrix}
b_1 \\
b_2 \\
\cdot \\
\cdot \\
b_n
\end{pmatrix}
$$

In Kurzform lautet das Gleichungssystem nun: $\mathbf{A} \cdot \mathbf{x} = \mathbf{b}$

Beispiel 7.8: Gleichungssystem

Ein Betrieb stellt drei Produkte X_1, X_2 und X_3 her. Die Preise dafür betragen p_1, p_2 und p_3. Im Januar eines Jahres wurden zwei Einheiten von X_1, eine von X_2 und drei von X_3 verkauft. Damit wurde ein Umsatz von 23 Geldeinheiten erzielt.

Es gilt: $2 \cdot p_1 + 1 \cdot p_2 + 3 \cdot p_3 = 23$

Für die beiden folgenden Monate gilt:

$$1 \cdot p_1 + 3 \cdot p_2 + 2 \cdot p_3 = 19$$

$$2 \cdot p_1 + 4 \cdot p_2 + 1 \cdot p_3 = 19$$

Wie hoch sind die Preise der Produkte?

In Matrizenschreibweise lautet das Problem nun:

$$\begin{pmatrix} 2 & 1 & 3 \\ 1 & 3 & 2 \\ 2 & 4 & 1 \end{pmatrix} \cdot \begin{pmatrix} p_1 \\ p_2 \\ p_3 \end{pmatrix} = \begin{pmatrix} 23 \\ 19 \\ 19 \end{pmatrix}$$

7.5.2 Lösung linearer Gleichungssysteme

Bei der Lösung des linearen Gleichungssystems ohne Hilfe der Matrizenrechnung können folgende **äquivalente Umformungen** durchgeführt werden, die keinen Einfluß auf die Lösung haben:

- Umformung einzelner Gleichungen durch Multiplikation (Division) mit einer beliebigen Zahl außer Null
- Addition (Subtraktion) eines Vielfachen einer Gleichung zu einer anderen
- Vertauschung von zwei Gleichungen

Die gleichen äquivalenten Umformungen werden auch auf die erweiterte Koeffizientenmatrix angewendet. Dabei ist das Ziel, die Matrix $(A|b)$ so umzuformen, daß an der Stelle von A eine Einheitsmatrix steht.

Die erweiterte Matrix $(A|b)$

$$(A|b) = \left(\begin{array}{cccc|c} a_{11} & a_{12} & \dots & a_{1n} & b_1 \\ a_{21} & a_{22} & \dots & a_{2n} & b_2 \\ . & . & \dots & . & . \\ . & . & \dots & . & . \\ a_{m1} & a_{m2} & \dots & a_{mn} & b_m \end{array} \right)$$

soll umgeformt werden zu:

$$(\mathbf{E}|\mathbf{b}^*) = \begin{pmatrix} 1 & 0 & \dots & 0 & \bigm| & b_1{}^* \\ 0 & 1 & \dots & 0 & \bigm| & b_2{}^* \\ \cdot & \cdot & \dots & \cdot & \bigm| & \cdot \\ \cdot & \cdot & \dots & \cdot & \bigm| & \cdot \\ 0 & 0 & \dots & 1 & \bigm| & b_m{}^* \end{pmatrix}$$

Die letzte Spalte stellt dann die gesuchten Lösungswerte für die Variablen dar.

Bei der Umformung von $(\mathbf{A}|\mathbf{b})$ sind folgende **Zeilenoperationen** zulässig (siehe Berechnung einer Inversen):

- **Vertauschen** von zwei Zeilen

- **Multiplikation** (Division) einer Zeile mit einer Konstanten (ungleich Null)

- **Addition** (Subtraktion) einer Zeile zu einer anderen Zeile

Beispiel 7.9: Gleichungssystem (Fortführung)

Für die Lösung des Gleichungssystems wird die erweiterte Matrix $(\mathbf{A}|\mathbf{b})$ gebildet, die aus der Matrix $\mathbf{A}$ und dem Spaltenvektor $\mathbf{b}$ besteht.

$$(\mathbf{A}|\mathbf{b}) = \begin{pmatrix} 2 & 1 & 3 & \bigm| & 23 \\ 1 & 3 & 2 & \bigm| & 19 \\ 2 & 4 & 1 & \bigm| & 19 \end{pmatrix}$$

Durch Umformung soll sich daraus ergeben:

$$(\mathbf{E}|\mathbf{b}^*) = \begin{pmatrix} 1 & 0 & 0 & \bigm| & b_1{}^* \\ 0 & 1 & 0 & \bigm| & b_2{}^* \\ 0 & 0 & 1 & \bigm| & b_3{}^* \end{pmatrix}$$

Ein Lösungsweg:

$$\begin{pmatrix} 2 & 1 & 3 & \bigm| & 23 \\ 1 & 3 & 2 & \bigm| & 19 \\ 2 & 4 & 1 & \bigm| & 19 \end{pmatrix}$$

Zeile 1 mit 0,5 multipliziert:

$$\begin{pmatrix} 1 & 0{,}5 & 1{,}5 & \bigm| & 11{,}5 \\ 1 & 3 & 2 & \bigm| & 19 \\ 2 & 4 & 1 & \bigm| & 19 \end{pmatrix}$$

Zeile 1 mit (-1) multipliziert und zur 2. addiert; sowie Zeile 1 mit (-2) multipliziert und zur 3. addiert:

$$\left(\begin{array}{ccc|c} 1 & 0,5 & 1,5 & 11,5 \\ 0 & 2,5 & 0,5 & 7,5 \\ 0 & 3 & -2 & -4 \end{array} \right)$$

Zeile 2 durch 2,5 dividiert:

$$\left(\begin{array}{ccc|c} 1 & 0,5 & 1,5 & 11,5 \\ 0 & 1 & 0,2 & 3 \\ 0 & 3 & -2 & -4 \end{array} \right)$$

Zeile 2 mit $(-0,5)$ multipliziert und zur 1. addiert; sowie Zeile 2 mit (-3) multipliziert und zur 3. addiert:

$$\left(\begin{array}{ccc|c} 1 & 0 & 1,4 & 10 \\ 0 & 1 & 0,2 & 3 \\ 0 & 0 & -2,6 & -13 \end{array} \right)$$

Zeile 3 durch $(-2,6)$ dividiert:

$$\left(\begin{array}{ccc|c} 1 & 0 & 1,4 & 10 \\ 0 & 1 & 0,2 & 3 \\ 0 & 0 & 1 & 5 \end{array} \right)$$

Zeile 3 mit $(-1,4)$ multipliziert und zur 1. addiert; sowie Zeile 3 mit $(-0,2)$ multipliziert und zur 2. addiert:

$$\left(\begin{array}{ccc|c} 1 & 0 & 0 & 3 \\ 0 & 1 & 0 & 2 \\ 0 & 0 & 1 & 5 \end{array} \right)$$

Damit ist das Ziel erreicht, und die Lösung kann abgelesen werden. Das zugehörige Gleichungssystem lautet:

$$\begin{aligned} p_1 \quad &= 3 \\ p_2 \quad &= 2 \\ p_3 &= 5 \end{aligned}$$

7.5.3 Lösbarkeit eines linearen Gleichungssystems

Lineare Gleichungssysteme $\mathbf{A} \cdot \mathbf{x} = \mathbf{b}$ müssen nicht in jedem Fall lösbar sein; und wenn sie lösbar sind, heißt das noch nicht, daß eine eindeutige Lösung existiert.

Allgemein gilt:

1. Ein lineares Gleichungssystem $\mathbf{A} \cdot \mathbf{x} = \mathbf{b}$ besitzt dann eine **eindeutige Lösung**, wenn sich die Koeffizientenmatrix A in eine Einheitsmatrix transformieren läßt.

2. Ein lineares Gleichungssystem $\mathbf{A} \cdot \mathbf{x} = \mathbf{b}$ ist **nicht eindeutig lösbar,** wenn während des Lösungsweges eine oder mehrere komplette Zeilen nur mit Nullen auftreten (das bedeutet 0 = 0). Das Gleichungssystem enthält also überflüssige Informationen; es gibt mehr Variablen als Gleichungen und damit existieren mehrere Lösungen.

3. Ein lineares Gleichungssystem $\mathbf{A} \cdot \mathbf{x} = \mathbf{b}$ ist **nicht lösbar,** wenn während des Lösungsweges eine Zeile nur Nullen in der Matrix A enthält und im Spaltenvektor b eine Zahl c ungleich Null auftritt(das bedeutet 0 = c). Das Gleichungssystem enthält also einen Widerspruch. Es existiert dann keine Lösung.

Beispiel 7.10: Lösbarkeit von Gleichungssystemen

nicht eindeutig lösbar:

$$\left(\begin{array}{ccc|c} 1 & 4 & 2 & 8 \\ 2 & 2 & -1 & 6 \\ -3 & 0 & 4 & -4 \end{array} \right) \rightarrow \left(\begin{array}{ccc|c} 1 & 0 & -1{,}33 & 1{,}33 \\ 0 & 1 & 0{,}83 & 1{,}67 \\ 0 & 0 & 0 & 0 \end{array} \right)$$

d. h. das Gleichungssystem hat sich vereinfacht zu:

$$x_1 - 1{,}33 \quad x_3 = 1{,}33$$

$$x_2 + 0{,}83 \quad x_3 = 1{,}67$$

eine Lösung ist z. B.: $x_3 = 0 \rightarrow \quad x_1 = 1{,}33$ und $x_2 = 1{,}67$

oder: $x_1 = 0 \rightarrow \quad x_2 = 0{,}84$ und $x_3 = -1$

nicht lösbar:

$$\left(\begin{array}{ccc|c} 1 & 2 & 3 & 12 \\ 0 & 4 & 4 & 14 \\ 2 & 2 & 4 & 12 \end{array} \right) \rightarrow \left(\begin{array}{ccc|c} 1 & 0 & 1 & 5 \\ 0 & 1 & 1 & 3{,}5 \\ 0 & 0 & 0 & -5 \end{array} \right)$$

Die letzte Zeile enthält bis auf das Element der letzten Spalte nur Nullen. Das vereinfachte Gleichungssystem enthält nun in einer Gleichung 0 = −5, d. h. das Gleichungssystem ist nicht lösbar.

<u>Übungsaufgaben zum 7. Kapitel</u>

Aufgabe 7.4:

Lösen Sie die Gleichungssysteme

a) $\quad 4x_1 - 2x_2 + 6x_3 = -148$

$\qquad x_1 + x_2 \qquad\quad = 110$

$\qquad x_1 + 2x_2 + 20x_3 = 250$

b) $\quad \begin{pmatrix} 10 & 20 & 1 & 10 & | & 120 \\ 0 & 2 & 2 & 10 & | & 118 \\ 20 & 10 & 10 & 20 & | & 520 \\ 2 & 0 & 0 & 4 & | & 0 \end{pmatrix}$

Aufgabe 7.5:

Ein Unternehmen fertigt die Produkte P_1, P_2, P_3 und P_4 auf vier Anlagen A_1, A_2, A_3 und A_4.

Die Fertigungszeiten in Stunden sind in der folgenden Tabelle aufgeführt:

	P_1	P_2	P_3	P_4
A_1	0,5	1	3	0
A_2	1	0	3	1
A_3	2	0	4	0
A_4	0	1	1	1

Welche Mengen der vier Produkte können gefertigt werden, wenn alle Anlagen 40 Stunden in der Woche im Einsatz sind?
Stellen Sie das Gleichungssystem auf und lösen Sie das Problem mit Hilfe der Matrizenrechnung.

Aufgabe 7.6:

Ein Student benötigt für die Aufrüstung seines Computers 17 Chips Typ A und 13 Chips Typ B.

In einem Elektronikgeschäft werden diese Chips in zwei Packungseinheiten angeboten:

Packung 1 enthält 4 Chips Typ A und 2 Chips Typ B.

Packung 2 enthält 3 Chips Typ A und 3 Chips Typ B.

Wieviele Packungen von jeder Sorte muß der Student kaufen?

Stellen Sie das Gleichungssystem auf und lösen Sie das Problem mit Hilfe der Matrizenrechnung.

7.5.4 Innerbetriebliche Leistungsverrechnung

Schon die Aufgaben des letzten Kapitels haben praktische Anwendungsmöglichkeiten von linearen Gleichungssystemen in den Wirtschaftswissenschaften gezeigt.

Einer der wichtigsten Problemkreise innerhalb der Betriebswirtschaftslehre, der sich mit Hilfe von linearen Gleichungssystemen bearbeiten läßt, ist die innerbetriebliche Leistungsverrechnung. Anhand eines einfachen Beispiels soll die ökonomische Problemstellung und die Lösungsmethode vorgestellt werden.

Ein Unternehmen unterhält drei Abteilungen (P, Q, R) mit getrennten Kostenstellen, die unterschiedliche Leistungen (z.B. Heizung, Reinigung, Instandhaltung) für sich selbst und die anderen Abteilungen erbringen. Alle Abteilungen sind durch gegenseitigen Leistungsaustausch miteinander verflochten.

In jeder Abteilung fallen **Primärkosten** - wie Löhne, Rohstoffe, Abschreibungen - für die Erstellung der Leistungen an. Zusätzlich sind auch die Kosten zu berücksichtigen, die durch die Leistungsabgaben der anderen Abteilungen an die betrachtete Abteilung entstehen. Die Lieferungen von anderen Kostenstellen werden durch die **Sekundärkosten** erfaßt.

Beispiel 7.11: Innerbetriebliche Leistungsverrechnung

Die Tabelle zeigt die Primärkosten, die erstellten Leistungen und die Liefermengen an die anderen Kostenstellen für die Abteilungen P, Q und R.

Abteilung	Primärkosten (Geldeinheiten)	erstellte Leistung (Leistungseinheiten)	Leistungslieferung an Abteilung (Leistungseinheiten)		
			P	Q	R
P	950	80	--	10	5
Q	150	50	20	--	10
R	550	50	30	10	--

Abteilung P hat also in der betrachteten Periode 80 Einheiten seiner Leistung erstellt, wovon 10 an Q und 5 an R abgegeben wurden. Der Rest von 65 Einheiten wird nach außen (an den Markt) gegeben. Bei Abteilung P entstanden Primärkosten in Höhe von 950 Geldeinheiten.

Eine graphische Darstellung dieser Daten führt zu der folgenden Abbildung:

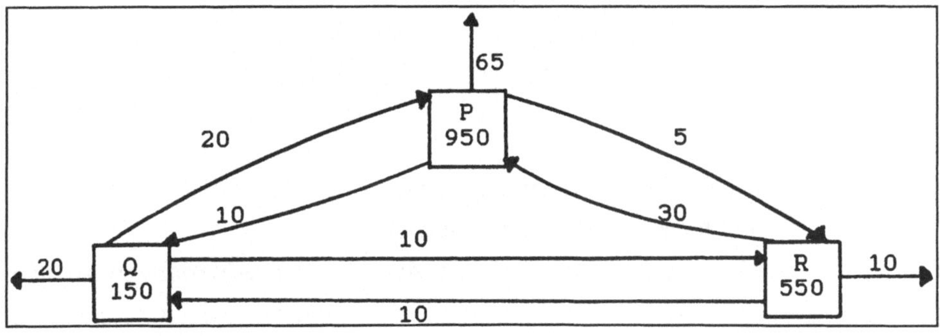

Dabei sind die Primärkosten in den jeweiligen Rechtecken angegeben.

Insgesamt erstellt die Abteilung P 80 Leistungseinheiten. Dafür fallen Primärkosten in Höhe von 950 Geldeinheiten an und Sekundärkosten durch die Leistungslieferungen von Q und R.

Um die **Gesamtkosten** - die **Verrechnungspreise** - von P zu ermitteln, müßten zunächst die von Q und R bekannt sein,

damit auch die Sekundärkosten berücksichtigt werden können.
Die Verrechnungspreise von Q und R lassen sich wiederum
nicht ermitteln, ohne daß die beiden anderen bekannt sind.

Es ist unmöglich, die Verrechnungspreise der Abteilungen
nacheinander zu berechnen. Mit Hilfe der Matrizenrechnung
wird jedoch eine gleichzeitige Bestimmung aller Verrechnungspreise ermöglicht. Auf diese Weise können die Gesamtkosten
jeder Abteilung, die Verrechnungspreise für die untereinander
ausgetauschten Leistungen sowie die Kosten der am Markt
angebotenen Leistungen ermittelt werden.

Das Gleichungssystem dafür lautet:

$$80p - 20q - 30r = 950$$

$$-10p + 50q - 10r = 150$$

$$-5p - 10q + 50r = 550$$

Dabei sind p, q und r die Verrechnungspreise für P, Q und R.

$$\left(\begin{array}{ccc|c} 80 & -20 & -30 & 950 \\ -10 & 50 & -10 & 150 \\ -5 & -10 & 50 & 550 \end{array} \right)$$

Die Lösung dieses linearen Gleichungssystems führt zu dem
Ergebnis:

$$\left(\begin{array}{ccc|c} 1 & 0 & 0 & 20 \\ 0 & 1 & 0 & 10 \\ 0 & 0 & 1 & 15 \end{array} \right)$$

Die Verrechnungspreise betragen demnach für P 20, für Q 10
und für R 15 Geldeinheiten.

Mit diesen Sätzen müssen die von den Abteilungen an den
Hauptbetrieb abgegebenen Leistungen verrechnet werden, so
daß die primären Kosten der Abteilungen gedeckt sind.

Die primären Gesamtkosten in den Abteilungen P, Q und R
belaufen sich auf:

$$950 + 150 + 550 = 1650 \text{ GE}$$

Die Leistungslieferung von den Abteilungen P, Q und R an den
Hauptbetrieb beträgt:

P : 65 ME multipliziert mit dem Verrechnungspreis 20 GE :

1300 GE

Q : 20 ME multipliziert mit dem Verrechnungspreis 10 GE :

200 GE

R : 10 ME multipliziert mit dem Verrechnungspreis 15 GE :

150 GE

____

1650 GE

Die Summe der Leistungslieferungen von P, Q und R deckt genau die primären Gesamtkosten der Abteilungen.

Auch die primären Kosten jeder Abteilung sind gedeckt. Z. B. für die Abteilung P ergibt sich folgende Rechnung:

primäre Kosten:		950 GE
erstellte Leistung:	80 LE x 20 GE =	1600 GE
bezogene Leistung von Abt. Q:	20 LE x 10 GE =	200 GE
bezogene Leistung von Abt. R:	30 LE x 15 GE =	450 GE

____

950 GE

Die erstellte Leistung einer Abteilung vermindert um die bezogene Leistung der anderen Abteilungen deckt genau die primären Kosten dieser Abteilung.

8. Lineare Optimierung

8.1 Lineare Ungleichungen mit mehreren Variablen

Lineare Ungleichungen sind ebenso wie lineare Gleichungen Relationen, bei denen alle Variablen nur in der ersten Potenz und keine Produkte von Variablen miteinander auftreten. Die linearen Ungleichungen haben dann die Form: $\quad a_1 x_1 + a_2 x_2 + a_3 x_3 + \ldots + a_n x_n \leq c$

$a_1, \ldots, a_n, c \in \mathbb{R}\quad$ und $\quad x_1, \ldots, x_n\quad$ unabh. Variablen

Beispiel 8.1: Lineare Ungleichungen

Ein Textilunternehmen benutzt zur Herstellung zweier Exklusivstoffe S_1 und S_2 eine Spezialmaschine, die in der Woche maximal 120 Stunden zur Verfügung steht. Die Herstellung von $1\ m^2$ des Stoffes S_1 dauert 12 Minuten, die Herstellung von $1\ m^2$ S_2 8 Minuten. Die wöchentlichen Produktionsmengen sollen mit s_1 für den Stoff S_1 und s_2 für S_2 bezeichnet werden.

Für die Herstellung von s_1 Metern von Stoff S_1 wird die Maschine $12 \cdot s_1$ Minuten und für s_2 Meter von S_2 $8 \cdot s_2$ Minuten benutzt.

Für die wöchentlichen Produktionsmengen gilt folgende Beschränkung: $12 \cdot s_1 + 8 \cdot s_2 \leq 60 \cdot 120 = 7.200$ Minuten

Diese Beschränkung ergibt sich aus der begrenzten Maschinenzeit. Die obige Ungleichung wird deshalb **Kapazitätsbeschränkung** bzw. **-bedingung** genannt.

Da s_1 und s_2 nicht negativ sein können, ergeben sich die sogenannten **Nichtnegativitätsbedingungen** $s_1 \geq 0$ und $s_2 \geq 0$.

Alle Mengenkombinationen von s_1 und s_2, die die Kapazitäts- und Nichtnegativitätsbedingungen erfüllen, sind mögliche wöchentliche Produktionsmengen des Textilunternehmens.

Graphische Darstellung von Ungleichungen

Eine lineare Ungleichung der Form $a_1x_1+a_2x_2 \leq b$ wird folgendermaßen in einem zweidimensionalen Koordinatensystem dargestellt:
Auf den Achsen werden die beiden Variablen x_1 und x_2 abgetragen. Die möglichen Kombinationen (Lösungen) für x_1 und x_2 aus der Ungleichung sind die einzelnen Punkte in diesem Koordinatensystem mit den Koordinaten $(x_1;x_2)$. Begrenzt wird die Lösungsmenge von oben durch die Gerade $a_1x_1+a_2x_2=b$ (von unten für eine Ungleichung $a_1x_1+a_2x_2 \geq b$).

Zuerst wird in das Koordinatensystem die Gerade $a_1x_1+a_2x_2=b$ eingezeichnet, und dann das entsprechende Feld unterhalb (bzw. oberhalb) der Gerade markiert. Oft wird die Lösungsmenge außerdem von unten durch die Nichtnegativitätsbedingungen beschränkt.

Beispiel 8.2: Lineare Ungleichungen (Weiterführung des Beispiels)

- Einzeichnung der Geraden: $12s_1 + 8s_2 = 7.200$ wobei s_1 der Abszisse und s_2 der Ordinate entsprechen soll (die Zuordnung der Koordinatenachsen zu s_1 und s_2 ist willkürlich).

Für die Berechnung der notwendigen zwei Punkte eignen sich besonders die Schnittpunkte der Geraden mit den Achsen:

- Berechnung des Schnittpunktes mit der s_1-Achse:

$$s_2 = 0 \text{ und } s_1 = \frac{7.200}{12} = 600$$

- Berechnung des Schnittpunktes mit der s_2-Achse:

$$s_1 = 0 \text{ und } s_2 = \frac{7.200}{8} = 900$$

- Schraffur des Feldes unterhalb der Geraden, wobei das Feld durch die Nichtnegativitätsbedingungen von unten begrenzt wird.

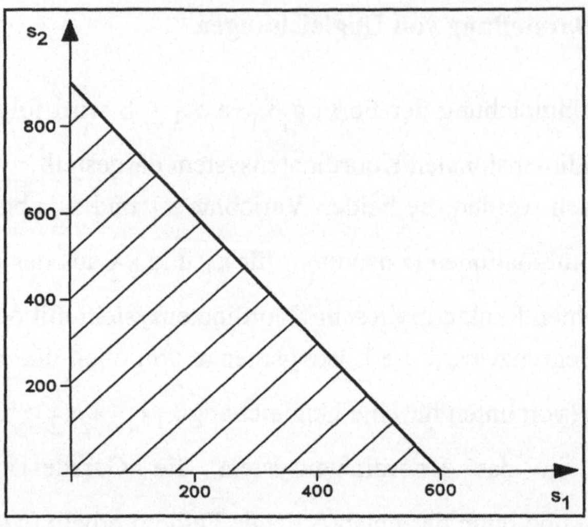

Die Punkte auf der Geraden stellen alle Mengenkombinationen dar, bei denen die Maschine voll ausgelastet wird. Die übrigen Lösungen der Ungleichung werden durch den schraffierten Bereich dargestellt; dabei treten für die Maschine Leerzeiten auf.

8.2 Graphische Methode der linearen Optimierung

In diesem Kapitel sollen Extremwerte von linearen Funktionen bestimmt werden, wobei Nebenbedingungen zu beachten sind. Diese Nebenbedingungen, die oft Kapazitätsbeschränkungen ausdrücken, lassen sich in der Form von linearen Ungleichungen darstellen. Wenn dabei nicht mehr als zwei Variablen zu beachten sind, läßt sich dieses Problem graphisch lösen, wie anhand eines Beispiels gezeigt wird. Sind mehr als zwei Variablen zu berücksichtigen, muß ein analytisches Lösungsverfahren gewählt werden, zum Beispiel die Simplex-Methode.

Beispiel 8.3: Graphische Methode der linearen Optimierung

Ein Unternehmen stellt zwei Produkte X_1 und X_2 her.

Beide Produkte durchlaufen vier Maschinentypen I, II, III und IV. Die Anzahl der maximal herstellbaren Produkte wird durch die Maschinenausstattung begrenzt, da diese Kapazität nicht kurzfristig verändert werden kann. Die wöchentliche Arbeitszeit in dem Unternehmen beträgt 40 Stunden; es wird also nur eine Schicht gefahren.

Die Maschine I benötigt 20 Minuten für die Herstellung einer Einheit von X_1 und ebenfalls 20 Minuten für X_2. Das Unternehmen verfügt über fünf Maschinen dieses Typs.

Maschine II braucht 7,5 Minuten für X_1 und 30 Minuten für die Herstellung einer Einheit von X_2. Drei Maschinen dieses Typs stehen zur Verfügung.

Maschine III, von der zwei Exemplare bereitstehen, wird nur von Produkt X_1 beansprucht. Eine Maschine kann in einer Stunde 7 Einheiten von X_1 bearbeiten.

Maschine IV ist nur einmal vorhanden. Sie wird 12 Minuten von X_2 beansprucht.

x_1 : Produktionsmenge von X_1

x_2 : Produktionsmenge von X_2

Durch die vorhandene Maschinenkapazität werden die Produktionsmöglichkeiten begrenzt. Die Nebenbedingungen schränken also den definierten Bereich ein.

Unter der Voraussetzung, daß unvollständig bearbeitete Produkte nicht zwischengelagert werden können, sind die Mengenkombinationen von X_1 und X_2 zu suchen, die von allen vier Anlagen bearbeitet werden können.

Bei Formulierung der Ungleichungen erhält man:

$$\text{Maschine I} \quad \frac{1}{3}x_1 + \frac{1}{3}x_2 \quad \leq \quad 200$$

$$\text{Maschine II} \quad \frac{1}{8}x_1 + \frac{1}{2}x_2 \quad \leq \quad 120$$

$$\text{Maschine III} \quad \frac{1}{7}x_1 \quad \leq \quad 80$$

$$\text{Maschine IV} \quad \frac{1}{5}x_2 \quad \leq \quad 40$$

Da negative Produktionsmengen betriebswirtschaftlich nicht relevant sind, sind zusätzlich die Nichtnegativitätsbedingungen zu beachten:

$$x_1 \geq 0$$
$$x_2 \geq 0$$

Durch eine graphische Darstellung der Ungleichungen ist das Produktionsprogramm, das von allen Maschinen bearbeitet werden kann, optisch darstellbar.

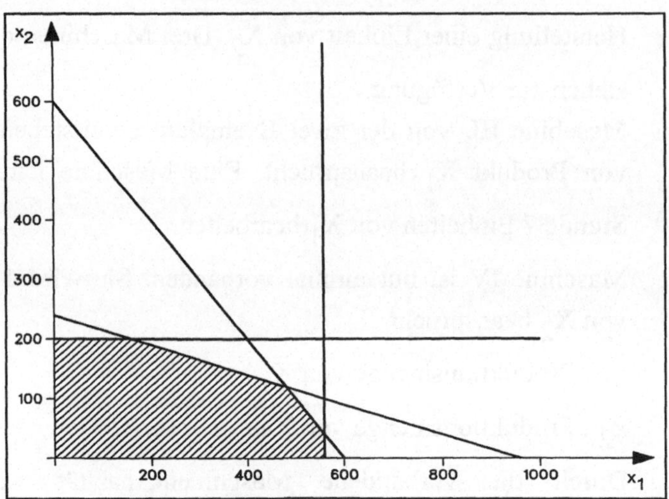

Die Nichtnegativitätsbedingungen schließen die anderen Quadranten des Koordinatensystems aus. Der zulässige Bereich liegt innerhalb des schraffierten Sechsecks, da die potentiellen Mengenkombinationen allen Ungleichungen gleichzeitig genügen müssen.

Das tatsächlich realisierte Produktionsprogramm soll so festgelegt werden, daß der Gewinn des Unternehmens maximiert wird. Eine Mengeneinheit von X_2 erbringt einen Gewinn von 4 DM, X_1 erzielt pro Stück einen Gewinn in Höhe von 2 DM.

Die Gewinnfunktion lautet: $G = 2x_1 + 4x_2$

Die Gewinnfunktion besitzt einen linearen Verlauf, sie soll maximiert werden. Diese zu optimierende Funktion wird bei der linearen Optimierung als **Zielfunktion** bezeichnet.

Damit lautet die Aufgabenstellung allgemein:

Optimiere die Zielfunktion bei Beachtung von Nebenbedingungen.

Im vorliegenden Beispiel handelt es sich bei der zu optimierenden Zielfunktion um eine Gewinnfunktion, deren Maximum gesucht ist. Die Nebenbedingungen sind die Kapazitätsbeschränkungen durch die gegebene Maschinenausstattung.

Die Zielfunktion ist eine Funktion mit drei Variablen. Durch Festlegen des Gewinns erhält man **Isogewinngeraden**, die in die graphische Darstellung des Ungleichungssystems eingetragen werden können.

Wird in dem Beispiel ein Gewinn von $G = 600$ angenommen, so kann er beispielsweise durch $x_1 = 300$ und $x_2 = 0$ oder durch $x_1 = 0$, $x_2 = 150$ oder durch Mengenkombinationen, die auf der Geraden zwischen diesen Punkten liegen, erreicht werden.

Die Gerade $2x_1 + 4x_2 = 600$ beschreibt alle Kombinationen von X_1 und X_2, die zu einem Gewinn von 600 führen.

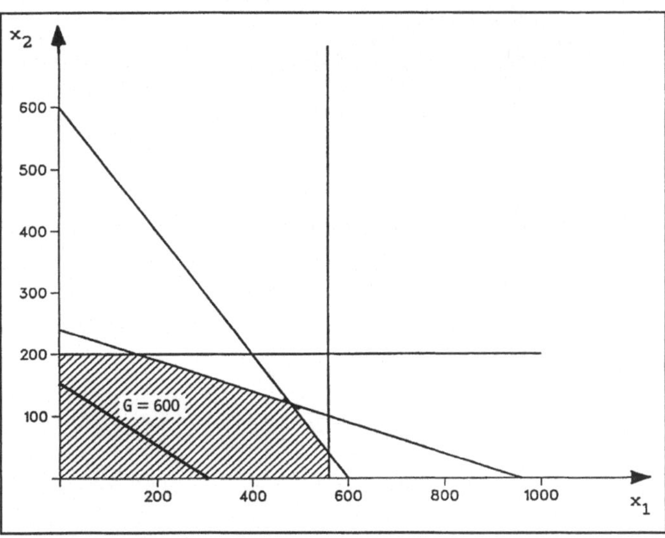

Wenn man weitere Isogewinngeraden, z. B. die für $G = 800$ in die Abbildung einträgt, erkennt man, daß alle Isogewinngeraden parallel zueinander verlaufen. Die Steigung ist gleich, da sie durch das Verhältnis der Stückgewinne bestimmt wird. Der Gewinn wird umso größer, je weiter die Isogewinngerade vom Koordinatenursprung entfernt ist.

Zur **Ermittlung des Gewinnmaximums** muß eine beliebige Isogewinngerade eingezeichnet werden. Diese wird dann parallel verschoben, bis sie am weitesten vom Nullpunkt entfernt ist, aber den durch die Nebenbedingungen definierten Bereich gerade noch berührt. Hier führt eine Parallelverschiebung der Isogewinngeraden zu dem Punkt, in dem sich die Kapazitätsgrenzen von Maschine I und II schneiden.

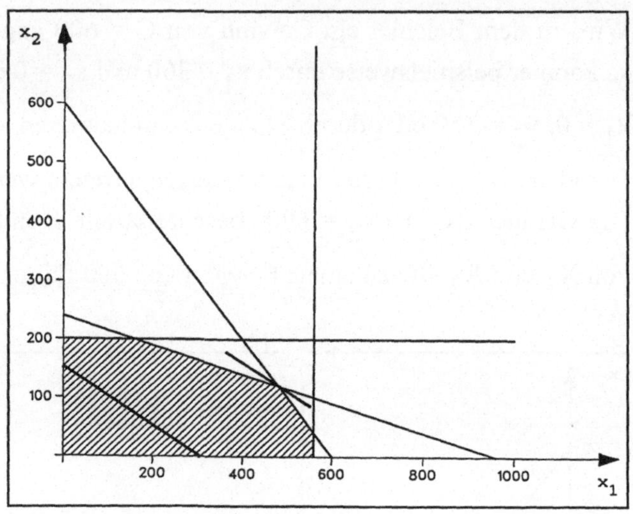

Ermittlung des Schnittpunktes:

$$\frac{1}{3}x_1 + \frac{1}{3}x_2 = 200 \quad | \cdot 3$$

$$\frac{1}{8}x_1 + \frac{1}{2}x_2 = 120 \quad | \cdot 8$$

$$x_1 + x_2 = 600 \quad | -$$

$$x_1 + 4x_2 = 960 \quad |$$

$$3x_2 = 360$$

$$x_2 = 120$$

$$x_1 = 480$$

Der Gewinn wird maximal, wenn das Unternehmen 480 Einheiten von X_1 und 120 Einheiten von X_2 produziert.

Der Gewinn beträgt dann: $G = 2 \cdot 480 + 4 \cdot 120 = 1.440$

In diesem Beispiel ergab sich eine eindeutige Lösung. Es gibt Fälle, bei denen mehrdeutige auftreten.

Beispiel 8.4: Graphische Methode der linearen Optimierung

Wenn die Stückgewinne im obigen Beispiel sich so ändern, daß gilt: $G = 3x_1 + 3x_2$ verlaufen die Isogewinngeraden parallel zur Kapazitätsbegrenzung von Maschine I.

Durch Parallelverschiebung erkennt man, daß alle Punkte auf der Kapazitätsbegrenzung von I zwischen dem Schnittpunkt mit Maschine II und III den gleichen Gewinn erbringen.

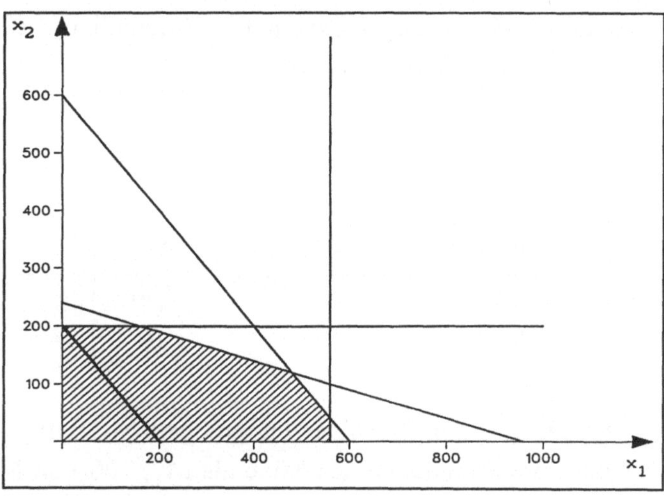

Allgemeine Vorgehensweise der graphischen Methode der linearen Optimierung:

1. Einzeichnen aller Nebenbedingungen in ein Koordinatensystem
2. Festlegung des zulässigen Bereiches.
3. Für einen frei gewählten Funktionswert Eintragung der Zielfunktion.
4. Bestimmung des Extremwertes durch Parallelverschiebung.

Wenn ein Maximum gesucht ist, wird die Zielfunktion so weit vom Ursprung weggeschoben, bis der zulässige Bereich gerade noch berührt wird.

Bei der Bestimmung eines Minimums wird die Gerade möglichst nah an den Koordinatenursprung geschoben.

5. Berechnung des graphisch ermittelten Punktes.

6. Wenn zwei benachbarte Punkte und damit auch alle Punkte auf deren Verbindungsstrecke Lösungen sind, ist die Lösung mehrdeutig.

Beispiel 8.5: Graphische Methode der linearen Optimierung

Ein Unternehmen, das eine Marktlücke in der Produktion von Spezialdünger gefunden hat, benötigt für einen Orchideen-Dünger zwei Rohstoffe R_1 und R_2. Diese Rohstoffe enthalten drei verschiedene Mineralien M_1, M_2 und M_3. Die Tabelle zeigt, wieviele Mengeneinheiten der Mineralien in einer Einheit von R_1 und R_2 enthalten sind.

		Mineralien	
Rohstoffe	M_1	M_2	M_3
R_1	50	100	20
R_2	50	10	50

Der Dünger soll in seiner endgültigen Mischung mindestens 300 Mengeneinheiten des Minerals M_1, 100 von M_2 und 200 von M_3 enthalten. Die Kosten für R_1 betragen 5 Geldeinheiten und für R_2 4 Geldeinheiten.

Wie sollen die Rohstoffe gemischt werden, damit die erforderlichen Mineralien im Dünger sind und die Kosten minimiert werden?

Zielfunktion: $\qquad K = 5x_1 + 4x_2 \Rightarrow$ Minimum

Nebenbedingungen:

$$50x_1 + 50x_2 \geq 300 \ (M_1)$$

$$100x_1 + 10x_2 \geq 100 \ (M_2)$$

$$20x_1 + 50x_2 \geq 200 \ (M_3)$$

$$x_1 \geq 0 \qquad x_2 \geq 0$$

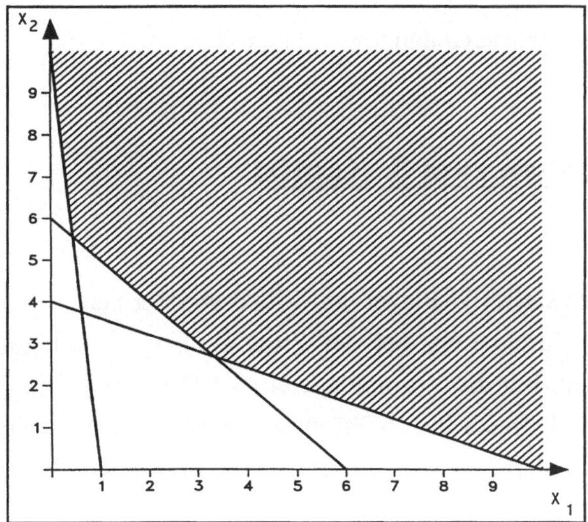

Da es sich in diesem Beispiel um eine **Minimierungsaufgabe** mit Untergrenzen handelt, ist hier der Bereich oberhalb der eingezeichneten Kapazitätsbeschränkungen relevant.

Die Zielfunktion wird mittels einer beliebigen Isokostengerade eingezeichnet: z. B. $40 = 5x_1 + 4x_2$

Durch Parallelverschiebung wird die Gerade bestimmt, die möglichst nah am Koordinatenursprung liegt, aber die zulässige Fläche gerade noch berührt. Das Optimum liegt im Schnittpunkt der Nebenbedingungen zu M_1 und M_2.

$$50x_1 + 50x_2 = 300$$

$$100x_1 + 10x_2 = 100 \quad | \cdot 5$$

$$500x_1 + 50x_2 = 500 \quad | -$$

$$50x_1 + 50x_2 = 300 \quad |$$

$$450x_1 = 200$$

$$x_1 = 0{,}44444 \qquad x_2 = 5{,}55555$$

Die Lösung ist nicht ganzzahlig, aber dennoch ökonomisch möglich und sinnvoll, da die Rohstoffe nach dem Gewicht in Mengeneinheiten (z. B. Tonnen) gemessen werden.

Um den Dünger zu mischen, sollten 0,4444 Mengeneinheiten des Rohstoffes R_1 und 5,5555 von R_2 verwendet werden. Die Kosten betragen dann $K = 24{,}4444$

<u>Übungsaufgaben zum 8. Kapitel</u>

Aufgabe 8.1:

Ein Unternehmen stellt CD-Player und Videorecorder her.

Beide Produkte durchlaufen bei der Produktion eine Anlage I, die der Vormontage dient. Für die Vormontage eines CD-Players sind 10 Minuten und für einen Videorecorder 15 Minuten erforderlich. Das Unternehmen verfügt über drei derartige Anlagen, die jeweils 40 Stunden pro Woche eingesetzt werden können.

Zur Endmontage durchlaufen die Geräte eine Anlage II, wobei an einem CD-Player 12 Minuten und an einem Videorecorder 30 Minuten gearbeitet wird. Im Unternehmen sind fünf Anlagen des Typs II für die Endmontage mit je 40 Wochenstunden im Einsatz.

Der Endkontrolleur beschäftigt sich mit jedem CD-Player 3 Minuten und mit jedem Videorecorder 5 Minuten. Er arbeitet 37 Stunden pro Woche.

Der Deckungsbeitrag für das Unternehmen beträgt bei einem CD-Player 30 DM und bei einem Videorecorder 60 DM.

Wieviele der Geräte muß das Unternehmen herstellen, um den Gewinn zu optimieren?

Aufgabe 8.2:

Ein Autohändler bezieht von seinem Großhändler zwei PKW-Modelle, wobei er eine Mindestabnahmeverpflichtung eingegangen ist. In einer bestimmten Periode muß er mindestens 30 PKWs vom Typ A und 20 vom Typ B kaufen.

Auf seinem Firmengelände kann der Händler maximal 65 PKWs A und 45 PKWs B unterbringen.

Für Typ A gilt ein Einkaufspreis von 20.000 DM und ein Verkaufspreis von 25.100 DM. Typ B kostet im Einkauf 25.000 DM und erbringt einen Verkaufserlös von 31.000 DM.

Maximal stehen dem Händler 2 Mio. DM für den Einkauf zur Verfügung.

Um den Verkauf des Typs B anzuregen, hat der Großhändler den Händler verpflichtet, mindestens für drei bestellte PKWs vom Typ A einen vom Typ B abzunehmen.

Welche Mengen der beiden Autotypen soll der Autohändler bestellen, um seinen Gewinn zu maximieren?

8.3 Analytische Methode der linearen Optimierung

8.3.1 Simplex-Methode

Bei mehr als zwei Variablen ist die graphische Methode nicht mehr anwendbar. Da die in der Praxis auftretenden Probleme weit komplizierter sind und oft Hunderte von Variablen beinhalten, sind mathematische Verfahren zur Lösung notwendig.

Die lineare Optimierung ist ein wichtiges Verfahren der Unternehmensforschung (**Operations Research**). Das bekannteste analytische Lösungsverfahren der linearen Optimierung ist die Simplex-Methode. Dabei werden sich die Ausführungen auf den Fall mit nur zwei Variablen beschränken. Bei einer größeren Zahl von Variablen ändert sich die Methode nicht, sie ist nur mit einem erheblich höheren Rechenaufwand verbunden. Solche Fälle werden im allgemeinen mit Computer-Programmen gelöst.

Die Vorgehensweise bei der Lösung eines Problems der linearen Optimierung mittels der Simplex-Methode soll anhand der Aufgabe des letzten Kapitels demonstriert werden.

Beispiel 8.6: Simplex-Methode

Im Maximierungsbeispiel sucht ein Unternehmen die gewinnmaximale Kombination der Produkte X_1 (CD-Player) und X_2 (Videorecorder), wobei die Kapazitätsbeschränkungen in drei verschiedenen Fertigungsstufen beachtet werden müssen.

Zu maximierende Zielfunktion (Gewinnfunktion):

$$G = 30x_1 + 60x_2$$

Nebenbedingungen:

$$\frac{1}{6}x_1 + \frac{1}{4}x_2 \leq 120$$

$$\frac{1}{5}x_1 + \frac{1}{2}x_2 \leq 200$$

$$\frac{1}{20}x_1 + \frac{1}{12}x_2 \leq 37$$

$$x_1 \geq 0 \qquad x_2 \geq 0$$

Die graphische Lösung führte zu einem Gewinnmaximum in Höhe von G = 25.320 DM bei einer Produktionsmenge von $x_1 = 220$ und $x_2 = 312$

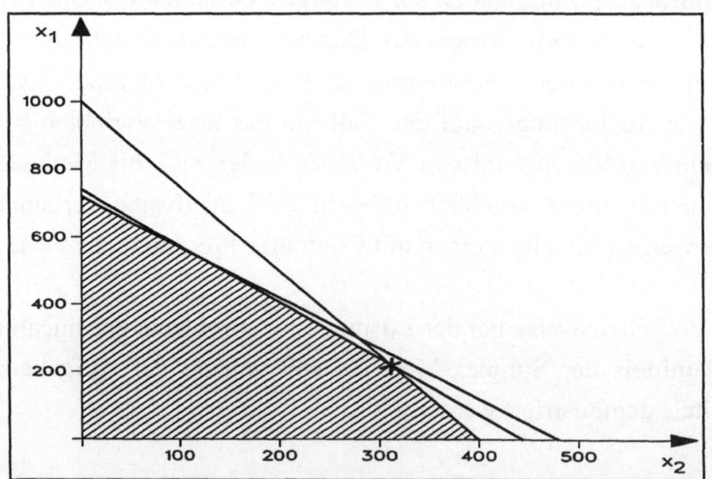

Die Simplex-Methode ist ein analytisches Verfahren zur Lösung linearer Optimierungsaufgaben, das in mehreren Schritten zur gesuchten Lösung führt.

Dabei wird ein Eckpunkt des zugelassenen Bereiches berechnet und daraufhin geprüft, ob er das Optimum darstellt. Wenn das Optimum noch nicht erreicht ist, berechnet die Simplex-Methode eine weitere Lösung (Eckpunkt), die natürlich auch wieder im zulässigen Bereich liegt und eine Verbesserung des Ergebnisses bedeutet. Dieses Verfahren wird so lange wiederholt, bis das gesuchte Optimum ermittelt ist.

Im folgenden soll eine in der Praxis gebräuchliche Variante der Simplex-Methode vorgestellt werden, die mit einem verkürzten Simplex-Tableau arbeitet und für Computerprogramme schneller zu bewältigen ist.

8.3.2 Verkürztes Simplex-Tableau

Das Lösen eines linearen Optimierungsproblems mit Hilfe der Methode des **Verkürztes Simplex-Tableaus** läßt sich in mehrere Lösungsschritte unterteilen.

1. Umformulierung der Zielfunktion und Umwandlung der Nebenbedingungen in Gleichungen mit Hilfe der Einführung von Schlupfvariablen

Um das Rechnen zu vereinfachen, werden die Ungleichungen in Gleichungen umgewandelt. Die Kapazitätsbeschränkungen im obigen Beispiel besagen, daß die vorhandene Maschinenkapazität nicht überschritten werden darf. Durch die Erweiterung der Ungleichungen um die **Schlupfvariablen** ist eine Darstellung in Gleichungsform möglich. Diese Schlupfvariablen Y_1, Y_2 und Y_3 stellen die nicht ausgenutzte Kapazität der Anlagen I und II und der Endkontrolle dar.

Die Nebenbedingungsgleichungen besagen, daß die Summe aus genutzter und nicht genutzter Zeit genau der Kapazität der Anlage entsprechen muß.

Beispiel 8.6: Simplex-Methode (Fortführung)

Die Aufgabenstellung lautet nun: Maximiere $G = 30x_1 + 60x_2$

unter Beachtung der Nebenbedingungen:

$$\frac{1}{6}x_1 + \frac{1}{4}x_2 \quad +y_1 = 120$$

$$\frac{1}{5}x_1 + \frac{1}{2}x_2 \quad +y_2 = 200$$

$$\frac{1}{20}x_1 + \frac{1}{12}x_2 \quad +y_3 = 37$$

$$x_1 \geq 0 \quad x_2 \geq 0 \quad y_1 \geq 0 \quad y_2 \geq 0 \quad y_3 \geq 0$$

Die Gewinnfunktion wird umgeformt zu:

$$-30x_1 - 60x_2 + G = 0$$

2. Aufstellung des verkürzten Simplex-Tableaus

Das Ausgangstableau wird folgendermaßen aufgestellt:

Es werden nur die Koeffizienten der Variablen (X_1, X_2) in der Tabelle aufgelistet. Dabei stehen in der Kopfzeile die sogenannten **Nichtbasisvariablen** (X_1, X_2). In der Vorspalte werden die **Basisvariablen** (Y_1, Y_2, Y_3, G) zur Kennzeichnung der entsprechenden Zeilen aufgeführt. Die letzte Spalte wird durch einen Strich getrennt, um das Gleichheitszeichen zu symbolisieren.

Nichtbasisvariablen

		X_1	X_2	
	Y_1	$\frac{1}{6}$	$\frac{1}{4}$	120
Basis-	Y_2	$\frac{1}{5}$	$\frac{1}{2}$	200
Variablen	Y_3	$\frac{1}{20}$	$\frac{1}{12}$	37
	G	-30	-60	0

Das Simplex-Tableau stellt eine verkürzte Schreibweise des Gleichungssystems dar. In jeder Zeile ist eine der Gleichungen enthalten. Diese Ausgangstabelle wird als Basislösung bezeichnet.

Das verkürzte Simplex-Tableau (VST) wird folgendermaßen interpretiert:

- Alle Nichtbasisvariablen (alle Variablen der Kopfzeile) haben den Wert 0
- Alle Basisvariablen (Variablen der Vorspalte) haben den Wert, der hinter dem als Gleichheitszeichen zu verstehenden Strich der entsprechenden Zeile steht.

Für obiges Ausgangstableau gilt also:

$X_1, X_2 = 0$, d. h. keine Produktion

$Y_1 = 120$, d. h. die Leerzeit der Anlage I beträgt 120 Stunden

$Y_2 = 200$, d. h. die Leerzeit der Anlage II beträgt 200 Stunden

$Y_3 = 37$, d. h. die Leerzeit der Endkontrolle beträgt 37 Stunden

$G = 0$, d. h. der Gewinn ist bei Nichtproduktion Null.

Dieses Ausgangstableau entspricht also in der Graphik dem Koordinatenursprung. Daß diese Lösung nicht optimal ist, ist unmittelbar einsichtig. Das Optimum ist dann gefunden, wenn in der letzten Zeile (Zielfunktionszeile) keine negativen Werte mehr auftreten.

3. Bestimmung des Pivotelementes:

In der ersten verbesserten Lösung (1. Iteration) wird zuerst bestimmt, welche Nichtbasisvariable gegen welche Basisvariable ausgetauscht wird. D. h. mit anderen Worten für das Beispiel: die Produktionsmenge welchen Gutes soll als erstes berücksichtigt werden (d. h. Produktionsmenge X_i ungleich Null), und welche Anlage soll als erstes vollausgelastet werden (d. h. welche Schlupfvariable Y_i soll gleich Null sein).

Welche Variable aufgenommen wird, kann anhand der letzten Zeile der Tabelle entschieden werden. Zunächst wird die Variable ausgewählt, der in der letzten Zeile der kleinste Wert zugeordnet ist. Das ist dann die Variable mit dem höchsten Deckungsbeitrag pro Stück. Diese Auswahlmethode wird "Steepest-Unit-Ascent-Version" genannt.

Im Beispiel ist X_2 zunächst in die Lösung hineinzuwählen, da

-60 der kleinste Wert in der untersten Zeile ist. Die Spalte, in der -60 steht, wird **Pivot-Spalte** genannt.

Die Schlupfvariable die gegen X_2 ausgetauscht wird, entspricht der Nebenbedingung, die zuerst voll ausgelastet wird. Dazu berechnet man für alle drei Fertigungsstufen, wieviele Einheiten von X_2 jeweils maximal bearbeitet werden können.

Diese Berechnung erfolgt durch Division der Werte in der letzten Spalte durch die entsprechenden der X_2-Spalte.

$$\text{Anlage I} \quad : \quad 120 : \frac{1}{4} = 480$$

$$\text{Anlage II} \quad : \quad 200 : \frac{1}{2} = 400$$

$$\text{Endkontrolle:} \quad 37 : \frac{1}{12} = 444$$

Die Anlage II kann nur 400 Einheiten von X_2 bearbeiten und begrenzt damit die Produktionsmenge. Dabei wird unterstellt, daß die Produkte vollständig bearbeitet werden müssen und Zwischenprodukte nicht gelagert werden können. Die zweite Zeile ist in dem Beispiel die sogenannte **Pivot-Zeile**. Die Schnittstelle von Pivot-Spalte und Pivot-Zeile wird **Pivotelement** genannt.

	X_1	X_2		
		Pivotspalte		
Y_1	$\frac{1}{6}$	$\frac{1}{4}$	120	
Y_2	$\frac{1}{5}$	$\frac{1}{2}$	200	Pivotzeile
Y_3	$\frac{1}{20}$	$\frac{1}{12}$	37	
G	-30	-60	0	

X_2 wird in der 1. Iteration zur Basisvariablen (geht in die Lösung mit ein) und Y_2 zur Nichtbasisvariablen (Vollauslastung von Anlage II ; $Y_2 = 0$).

Durch diesen Basisvariablentausch ändert sich das gesamte Simplex-Tableau. Dieses veränderte Tableau wird nach folgenden 4 Rechenregeln berechnet:

4. Basisvariablentausch und Veränderung des Tableaus mit Hilfe von vier Rechenregeln.

1. An die Stelle des Pivotelementes (PE) tritt der Reziprokwert des PE $\left(\dfrac{1}{PE}\right)$

2. Die übrigen Elemente der Pivotzeile (PZ) werden durch das PE des Ausgangstableaus dividiert.

3. Die übrigen Elemente der Pivotspalte (PS) werden mit (-1) multipliziert und anschließend durch das PE des Ausgangstableaus dividiert.

4. Alle übrigen Elemente der 1. verbesserten Lösung werden folgendermaßen gebildet: Element (Ausgangstableau) minus folgendem Produkt:
gleichspaltiges Element der PZ (1. Iteration) "mal"
gleichzeiliges Element der PS (Ausgangstableau).

Das mit Hilfe dieser Rechenregeln neuberechnete Simplextableau stellt wiederum ein abgekürztes lineares Gleichungssystem dar. Dieses Gleichungssystem ist dasselbe Gleichungssystem, das im Ausgangstableau dargestellt ist, nur so umformuliert, daß die Lösungen für die Basisvariablen unter den neuen Voraussetzungen direkt abgelesen werden können.

Basislösung:

	X_1	X_2	
Y_1	$\dfrac{1}{6}$	$\dfrac{1}{4}$	120
Y_2	$\dfrac{1}{5}$	$\dfrac{1}{2}$	200
Y_3	$\dfrac{1}{20}$	$\dfrac{1}{12}$	37
G	-30	-60	0

1. Iteration:

$$
\begin{array}{c|cc|c}
 & X_1 & Y_2 & \\
\hline
Y_1 & \dfrac{1}{6} - \dfrac{2}{5} \cdot \dfrac{1}{4} & (-1) \cdot \dfrac{1}{4} \cdot 2 & 120 - 400 \cdot \dfrac{1}{4} \\
X_2 & 2 \cdot \dfrac{1}{5} & 2 & 2 \cdot 200 \\
Y_3 & \dfrac{1}{20} - \dfrac{2}{5} \cdot \dfrac{1}{12} & (-1) \cdot \dfrac{1}{12} \cdot 2 & 37 - (400 \cdot \dfrac{1}{12}) \\
G & -30 - \dfrac{2}{5} \cdot (-60) & (-1) \cdot (-60) \cdot 2 & 0 - (400 \cdot (-60))
\end{array}
$$

1. Iteration

$$
\begin{array}{c|cc|c}
 & X_1 & Y_2 & \\
\hline
Y_1 & \dfrac{1}{15} & -\dfrac{1}{2} & 20 \\
X_2 & \dfrac{2}{5} & 2 & 400 \\
Y_3 & \dfrac{1}{60} & -\dfrac{1}{6} & \dfrac{11}{3} \\
G & -6 & 120 & 24.000
\end{array}
$$

Die Interpretation der 1. Iteration lautet:

$X_1 = 0$ keine Produktion von CD-Playern

$X_2 = 400$ es werden 400 Videorecorder produziert

$Y_1 = 20$ Anlage I hat eine Leerzeit von 20 Stunden

$Y_2 = 0$ Anlage II ist vollausgelastet

$Y_3 = 3,\overline{6}$ Endkontrolle hat eine Leerzeit von 3,67 Stunden

$G = 24.000$ Der Gewinn beträgt nun 24.000 DM.

Diese Lösung entspricht in der Abbildung dem Schnittpunkt der Kapazitätsbeschränkung II mit der x_2-Achse.

Da in der letzten Zeile noch ein negativer Wert (–6) auftritt, muß die Lösung in einer 2. Iteration verbessert werden. Sie berechnet sich nach den gleichen Regeln wie die 1. Iteration.

2. Iteration

	Y_3	Y_2	
Y_1	-4	$\frac{1}{6}$	$\frac{16}{3}$
X_2	-24	6	312
X_1	60	-10	220
G	360	60	25.320

Interpretation:

Die Optimallösung ist erreicht, da sich keine negativen Werte in der Zielfunktionszeile befinden.

$Y_2 = 0$; $Y_3 = 0$ Vollauslastung von Anlage II und Endkontrolle

$Y_1 = 5,\overline{3}$ nicht ausgenutzte Kapazität von Anlage I (5,33 Std.)

$X_1 = 220$; $X_2 = 312$; $G = 25.300$ DM.

Bei einer produzierten Menge von 220 CD-Playern und 312 Videorecordern tritt der maximale Gewinn von 25.300 DM auf. Graphisch entspricht dies dem Schnittpunkt der Kapazitätsbeschränkung II und III.

Schema zur verkürzten Simplex-Methode
1. Umformulierung der Zielfunktion und Umwandlung der Nebenbedingungen in Gleichungen mit Hilfe der Einführung von Schlupfvariablen
2. Aufstellung des verkürzten Simplex-Tableaus.
   Tritt mindestens ein negativer Wert in der letzten Zeile auf, ist das Optimum noch nicht gefunden.

3. Bestimmung des Pivotelementes:

Pivotspalte: Spalte, in der der kleinste Wert in der Zielfunktionszeile auftritt.

Pivotzeile: Division der Werte der letzten Spalte durch die entsprechenden der Pivotspalte. Der kleinste Quotient bestimmt die Pivotzeile.

Pivotelement: Gemeinsames Element der Pivotzeile und -spalte.

4. Basisvariablentausch und Veränderung des Tableaus mit Hilfe der vier Rechenregeln.

5. Tritt mindestens ein negativer Wert in der letzten Zeile auf, weiter mit Punkt 3.

6. Tritt kein negativer Wert in der letzten Zeile auf, ist das Optimum gefunden.

Die Lösung für die Basisvariablen (Variablen in der Vorspalte) kann in der letzten Spalte abgelesen werden. Die Nichtbasisvariablen (Variablen in der Vorzeile) haben den Wert 0.

Weitergehende Interpretationsmöglichkeit

Neben dieser Bestimmung des Optimums lassen sich darüberhinaus aus dem Lösungs-Tableau weitreichende Informationen berechnen.

Jedes Simplex-Tableau im Laufe der Simplex-Methode stellt ein und dasselbe Gleichungssystem in verschiedenen Formulierungen dar. In unserem Beispiel besteht das Gleichungssystem aus vier Gleichungen und sechs Variablen (X_1, X_2, Y_1, Y_2, Y_3 und G). Wenn man zwei Variablen gleich Null setzt, sind die anderen eindeutig bestimmt.

Das ursprüngliche Gleichungssystem ist so aufgebaut, daß es die Lösungen für die Variablen Y_1, Y_2, Y_3 und G angibt, wenn man die Variablen X_1 und X_2 gleich Null setzt:

$$\frac{1}{6}x_1 + \frac{1}{4}x_2 + y_1 = 120 \qquad y_1 = 120$$

$$\frac{1}{5}x_1 + \frac{1}{2}x_2 + y_2 = 200 \qquad y_2 = 200$$

$$\frac{1}{20}x_1 + \frac{1}{12}x_2 + y_3 = 37 \qquad y_3 = 37$$

$$-30x_1 - 60x_2 + G = 0 \qquad G = 0$$

Die Simplex-Methode besteht nun darin, dieses Gleichungssystem mit Hilfe der vier Rechenregeln so umzuformulieren, daß es von zwei anderen Variablen aufgebaut wird. Werden diese wiederum gleich Null gesetzt, lassen sich die anderen eindeutig und sofort bestimmen:

Optimallösung:

	Y_3	Y_2	
Y_1	-4	$\frac{1}{6}$	$\frac{16}{3}$
X_2	-24	6	312
X_1	60	-10	220
G	360	60	25.320

Die Optimallösung ist die abgekürtze Schreibweise für folgendes Gleichungssystem, bei dem die Variablen Y_2 und Y_3 gleich Null gesetzt werden können und die Optimallösung sofort abgelesen werden kann.:

$$-4\,y_3 + \frac{1}{6}\,y_2 + y_1 = \frac{16}{3} \qquad\qquad y_1 = \frac{16}{3}$$

$$-24\,y_3 + 6\,y_2 + x_2 = 312 \qquad\qquad x_2 = 312$$

$$60\,y_3 - 10\,y_2 + x_1 = 220 \qquad\qquad x_1 = 220$$

$$360\,y_3 + 60\,y_2 + G = 25.320 \qquad\qquad G = 25.320$$

Die **weitergehende Interpretationsmöglichkeit** ergibt sich daraus, daß man in dieses Gleichungssystem verschiedene Werte für die Variablen Y_2 und Y_3 einsetzten kann. Setzt man z. B. für Y_2 den Wert 1 ein, bedeutet dies eine Einschränkung der Arbeitszeit an Maschine II um eine Stunde (Erhöhung der Leerzeit um eine Stunde). Die geänderten Werte für die übrigen Varablen lassen sich aufgrund des Gleichungssystems sofort errechnen: ($Y_2 = 1$ und $Y_3 = 0$)

$$-4 + y_1 = \frac{16}{3} \qquad\qquad y_1 = \frac{16}{3} + 4 = 9\frac{1}{3}$$

$$-24 + x_2 = 312 \qquad\qquad x_2 = 312 + 24 = 336$$

$$60 - x_1 = 220 \qquad\qquad x_1 = 220 - 60 = 160$$

$$360 + G = 25.320 \qquad\qquad G = 25.320 - 360 = 25.260$$

Der maximale Gewinn unter diesen Umständen beträgt nun 25.260 DM bei einer Produktion von 160 CD-Playern und 336 Videorecordern. Die Endkontrolle ist weiterhin vollausgelastet und die nicht ausgenutzte Kapazität von Anlage I beträgt nun 9,33 Stunden.

Die Auswirkungen einer Arbeitszeitverkürzung bei Maschinenanlage II (z. B. aufgrund neuer Tarifvereinbarungen) lassen sich also sofort errechnen ohne daß die Simplex-Methode neu angewandt werden muß mit einer neuen Kapazitätsbeschränkung für Maschinenanlage II.

Genauso lassen sich die Auswirkungen anderer Arbeitszeitverkürzungen berechnen, wobei beachtet werden muß, daß das Gleichungssystem nur in bestimmten Intervallen gilt. Z. B. ist eine Bewertung einer Arbeitszeitverkürzung bei Maschinenanlage II von 4 Stunden nicht möglich, da die dritte Gleichung

$$240 - x_1 = 220 \qquad \text{für } x_1 \text{ den unsinnigen Wert - 20 ergeben}$$

würde. Auf dieselbe Weise wie oben können natürlich auch Auswirkungen von Überstunden (negative Werte für Y_2 und Y_3) leicht bestimmt werden.

<u>Übungsaufgabe zum 8. Kapitel</u>

Aufgabe 8.3:

Ein Unternehmen stellt zwei Produkte X_1 und X_2 her.

Die Produkte durchlaufen drei Maschinentypen, deren Einsatzzeit begrenzt ist.

Von der Maschine I und III sind jeweils zwei Exemplare vorhanden, Maschine II steht nur einmal zur Verfügung. Die wöchentliche Arbeitszeit beträgt 40 Stunden. Die Maschine I benötigt eine Stunde für die Herstellung einer Einheit von X_1 und doppelt so lange für X_2.

Maschine II braucht eine Stunde für X_1 und halb so lange für X_2.

Maschine III benötigt 1,6 Stunden für die Herstellung einer Einheit von X_1 und genauso lange für das zweite Produkt.

Die Gewinnfunktion lautet: $G = 30x_1 + 50x_2$

Bestimmen Sie das Gewinnmaximum mit Hilfe der Simplex-Methode.

9. Finanzmathematik

9.1 Zinsrechnung

9.1.1 Begriffe der Zinsrechnung

Zinsen sind das Entgelt für ein leihweise überlassenes Kapital. Nachschüssige (vorschüssige) Zinsen sind Zinsen, die am Ende (Anfang) einer Periode fällig werden. Im folgenden sollen unter dem Begriff Zinsen stets nachschüssige Zinsen verstanden werden, da vorschüssige Zinsen nur eine geringe praktische Bedeutung haben.

Folgende Symbole werden verwandt:

p Zinssatz

q Zinsfaktor, d. h. $q = 1 + \dfrac{p}{100}$

K_0 Anfangskapital: Kapital zu Beginn der Laufzeit

K_n Endkapital: Kapital nach der n-ten Periode bzw. am Ende der Laufzeit

9.1.2 Einfache Verzinsung

Bei der einfachen Verzinsung werden in den einzelnen Perioden nur die Zinsen für das Anfangskapital gezahlt, die bisher gezahlten Zinsen werden also nicht mitverzinst.

Die Zinsen nach n Perioden berechnen sich wie folgt:

Zinsen nach 1 Jahr: $\quad z_1 = \quad K_0 \cdot \dfrac{p}{100}$

Zinsen nach 2 Jahren: $\quad z_2 = \quad \underbrace{K_0 \cdot \dfrac{p}{100} + K_0 \cdot \dfrac{p}{100}}_{\text{Zinsen der 1. und 2. Periode}} = 2 \cdot K_0 \cdot \dfrac{p}{100}$

Zinsen nach 3 Jahren: $\quad z_3 = \quad 3 \cdot K_0 \cdot \dfrac{p}{100}$

Zinsen nach n Jahren: $\quad z_n = \quad n \cdot K_0 \cdot \dfrac{p}{100}$

Für das Endkapital K_n gilt:

$$K_n = K_0 + z_n = K_0 + n \cdot K_0 \cdot \frac{p}{100} = K_0 \cdot \left(1 + n \cdot \frac{p}{100}\right)$$

Beispiel 9.1: Einfache Verzinsung

Eine Privatperson hat einem Freund für fünf Jahre 100.000 DM zu einem Zinssatz von 6 % geliehen.
Wie hoch ist das Endkapital?

$$K_n = 100.000 \cdot \left(1 + 5 \cdot \frac{6}{100}\right) = 130.000 \text{ DM}$$

Durch Umformung der Formel $K_n = K_0 \cdot \left(1 + n \cdot \frac{p}{100}\right)$ lassen sich K_0, n und p berechnen.

$$K_0 = \frac{K_n}{1 + n \cdot \frac{p}{100}}$$

$$n = \left(\frac{K_n}{K_0} - 1\right) \cdot \frac{100}{p}$$

$$p = \left(\frac{K_n}{K_0} - 1\right) \cdot \frac{100}{n}$$

<u>Übungsaufgaben zum 9. Kapitel</u>

Aufgabe 9.1:
Ein Kapital soll in zehn Jahren bei 5 % Zinsen 54.000 DM betragen.
Wie hoch muß das Anfangskapital bei einfacher Verzinsung sein?

Aufgabe 9.2:
Wann verdoppelt sich ein Kapital bei 6 % Zinsen und einfacher Verzinsung?

Aufgabe 9.3:
Wie hoch muß der Zinssatz sein, wenn in zehn Jahren aus 20.000 DM 50.000 DM bei einfacher Verzinsung werden sollen?

9.1.3 Zinseszinsrechnung

Bei der Zinseszinsrechnung werden sowohl das Anfangskapital als auch die Zinsen in den Perioden verzinst, das heißt die Zinsen werden dem Kapital jeweils zugeschlagen und von da an mitverzinst. Das Anfangskapital entwickelt sich folgendermaßen:

Anfangskapital: $\quad K_0$

Kapital nach dem 1. Jahr: $\quad K_1 = K_0 + K_0 \cdot \dfrac{p}{100} = K_0 \cdot (1 + \dfrac{p}{100})$

$$= K_0 \cdot q \quad | \quad q = 1 + \dfrac{p}{100} \quad \text{Zinsfaktor}$$

Kapital nach dem 2. Jahr: $\quad K_2 = K_1 + K_1 \cdot \dfrac{p}{100} = K_1 \cdot (1 + \dfrac{p}{100})$

$$= K_0 \cdot q \cdot q = K_0 \cdot q^2$$

Kapital nach dem 3. Jahr: $\quad K_3 = K_0 \cdot q^3$

Kapital nach dem n. Jahr: $\quad K_n = K_0 \cdot q^n$

Für das Endkapital K_n gilt also: $K_n = K_0 \cdot q^n$

Beispiel 9.2: Zinseszinsrechnung

> Jemand hat 100.000 DM für fünf Jahre zu einem Zinssatz von 6 % bei einer Bank angelegt. Wie hoch ist das Endkapital?
>
> $$K_n = 100.000 \cdot (1 + \frac{6}{100})^5 = 133.822,56 \, \text{DM}$$

In diesem Beispiel wurde K_n berechnet.

Die Bestimmung von K_0 bei gegebenem K_n, q und n bezeichnet man als Bestimmung des **Barwertes** oder Diskontierung (Abzinsung) eines Kapitals.

$$K_0 = \frac{1}{q^n} \cdot K_n \qquad \frac{1}{q^n} \text{ wird } \textbf{Abzinsungsfaktor} \text{ genannt.}$$

Die Diskontierung läßt Vergleiche zwischen zu verschiedenen Zeiten fälligen Kapitalen zu, wie folgende Beispiele zeigen.

Beispiel 9.3: Zinseszinsrechnung

Herr H. will seiner Tochter Mareike in zehn Jahren ein Studium mit 50.000 DM finanzieren. Er kann einen Sparvertrag mit 7 % Zinsen abschließen. Welche Summe muß er jetzt einzahlen?

$$K_0 = K_n \cdot \frac{1}{q^n} = 50.000 \cdot \frac{1}{1{,}07^{10}} = 25.417{,}46 \text{ DM}$$

Beispiel 9.4: Zinseszinsrechnung

P. kann in 5 Jahren für einen Oldtimer (Kaufpreis 7.500 DM) 10.000 DM und in zehn Jahren 15.000 DM erhalten. Er könnte sein Geld alternativ für 11 % Zinsen anlegen. Vergleichen Sie die Barwerte.

$$K_0 = 7.500 \text{ DM}$$

$$K_0 = 10.000 \cdot \frac{1}{1{,}11^5} = 5.934{,}51 \text{ DM}$$

$$K_0 = 15.000 \cdot \frac{1}{1{,}11^{10}} = 5.282{,}77 \text{ DM}$$

Es ist also sinnvoller, das Geld zu 11 % Zinsen anzulegen.

Durch Umformung der Formel $K_n = K_0 \cdot q^n$

ergeben sich für K_0, p und n:

$$K_0 = \frac{1}{q^n} \cdot K_n \qquad p = \left(\sqrt[n]{\frac{K_n}{K_0}} - 1 \right) \cdot 100 \qquad n = \frac{\log \frac{K_n}{K_0}}{\log q}$$

Übungsaufgaben zum 9. Kapitel

Aufgabe 9.4:

Wann verdoppelt sich ein Kapital bei 6 % Zinseszinsen?

Aufgabe 9.5:

Frau S. will 150.000 DM für fünf Jahre anlegen. Sie erhält zwei Angebote: Bank A bietet ihr 6,5 % Zinseszinsen, Bank B zahlt ihr nach 5 Jahren 200.000 DM aus. Welches Angebot ist günstiger? Begründen Sie über:

a) Vergleich der Endkapitale.

b) Vergleich der Barwerte.

c) Vergleich der Zinssätze.

9.1.4 Unterjährige Verzinsung

Bei der unterjährigen Verzinsung handelt es sich um eine Zinseszinsrechnung, bei der die Intervalle der Verzinsung kleiner als ein Jahr sind.

Beispiel 9.5: Unterjährige Verzinsung

Legt ein Sparer 10.000 DM zu 2 % halbjährlichen Zinsen an, erhält er nach sechs Monaten 200 DM Zinsen, die dem Anfangskapital zugerechnet (10.200 DM) und bereits im zweiten Halbjahr mitverzinst werden. Die Zinsen im zweiten Halbjahr betragen 204 DM. Das Endkapital beträgt nach einem Jahr 10.404 DM. Demgegenüber wächst das Endkapital nach einem Jahr bei einem Jahreszins von 4 % auf 10.400 DM.

Handelt es sich allgemein um eine unterjährige Verzinsung mit m Zinsperioden pro Jahr und dem Jahreszinssatz p, so beträgt der Zinssatz pro Periode p/m. Damit ändert sich die Formel der Zinseszinsrechnung für K_n folgendermaßen:

Zinseszinsrechnung

n Zinsperioden

unterjährige Verzinsung

$n \cdot m$ Zinsperioden

p Zinssatz

$\dfrac{p}{m}$ Zinssatz

$$K_n = K_0 \cdot \left(1 + \frac{p}{100}\right)^n$$

$$K_n = K_0 \cdot \left(1 + \frac{\frac{p}{m}}{100}\right)^{n \cdot m}$$

$$= K_0 \cdot \left(1 + \frac{p}{m \cdot 100}\right)^{n \cdot m}$$

136

Beispiel 9.6: Unterjährige Verzinsung

> Bei jährlicher Verzinsung erhält man aus einem Kapital von 100.000 DM nach fünf Jahren bei einem Zinssatz von 6 % 133.822,56 DM (s. Bsp. Zinseszins).
>
> Wie hoch wäre das Endkapital bei monatlicher Verzinsung?
>
> $$K_n = 100.000 \cdot \left(1 + \frac{6}{12 \cdot 100}\right)^{12 \cdot 5} = 134.885,02 \text{ DM}$$

Bei der unterjährigen Verzinsung wächst also ein Kapital schneller als bei der jährlichen Verzinsung, obwohl der Jahreszinssatz p derselbe ist.

Beim vorangegangenen Beispiel wird der 6 %-ige Jahreszins in einen 0,5 %-igen Monatszins umgerechnet, da $0,5 \cdot 12 = 6$ ist.

Es stellt sich die Frage: Wie hoch müßte der Jahreszins der jährlichen Verzinsung sein, um dasselbe Wachstum eines Kapitals zu erreichen wie bei der unterjährigen Verzinsung? Damit ist die Frage nach dem **effektiven Jahreszins** p^* gestellt.

Das Endkapital von beiden Verzinsungen soll gleich sein, es muß also gelten:

$$K_n = K_n$$

$$K_0 \cdot \left(1 + \frac{p^*}{100}\right)^n = K_0 \cdot \left(1 + \frac{p}{m \cdot 100}\right)^{n \cdot m}$$

$$1 + \frac{p^*}{100} = \left(1 + \frac{p}{m \cdot 100}\right)^m$$

$$p^* = \left(\left(1 + \frac{p}{m \cdot 100}\right)^m - 1\right) \cdot 100$$

Der effektive Jahreszins ist ein Maßstab zum Vergleich verschiedener unterjähriger Anlageformen.

Beispiel 9.7: Effektiver Jahreszins

Wie hoch ist der effektive Jahreszins bei einem Jahreszins von 6 %

- bei jährlicher Verzinsung (m = 1)

$$p^* = \left(\left(1 + \frac{6}{1 \cdot 100}\right)^1 - 1\right) \cdot 100 = 6\,\%$$

- bei halbjähriger Verzinsung (m = 2)

$$p^* = \left(\left(1 + \frac{6}{2 \cdot 100}\right)^2 - 1\right) \cdot 100 = 6{,}09\,\%$$

- bei vierteljährlicher Verzinsung (m = 4)

$$p^* = \left(\left(1 + \frac{6}{4 \cdot 100}\right)^4 - 1\right) \cdot 100 = 6{,}1364\,\%$$

- bei monatlicher Verzinsung (m = 12)

$$p^* = \left(\left(1 + \frac{6}{12 \cdot 100}\right)^{12} - 1\right) \cdot 100 = 6{,}1678\,\%$$

- bei täglicher Verzinsung (m = 360)

$$p^* = \left(\left(1 + \frac{6}{360 \cdot 100}\right)^{360} - 1\right) \cdot 100 = 6{,}1831\,\%$$

<u>Übungsaufgaben zum 9. Kapitel</u>

Aufgabe 9.6:

Wann verdoppelt sich ein Kapital bei 6 % Jahreszinsen und monatlicher Verzinsung?

Aufgabe 9.7:

Herr P. erhält von seiner Bank zur Anlage eines Kapitals von 100.000 DM folgende zwei Vorschläge:

a) einen effektiven Jahreszins von 8,5 %

b) einen Zinssatz von 8 % bei monatlicher Verzinsung

Welche Anlageform ist für Herrn P. am günstigsten?

Wie groß ist der effektive Jahreszins und sein Kapital nach 10 Jahren?

9.1.5 Stetige Verzinsung

Bei der stetigen Verzinsung handelt es sich um eine Zinseszinsrechnung, bei der die Intervalle der Verzinsung als unendlich klein angenommen werden. Die Zinsen werden in jedem Augenblick dem Kapital zugerechnet und mitverzinst. Das bedeutet für die Formel zur unterjährigen Verzinsung, daß m gegen Unendlich geht.

$$K_n = \lim_{m \to \infty} K_0 \cdot \left(1 + \frac{p}{m \cdot 100}\right)^{n \cdot m} = K_0 \cdot e^{\frac{p \cdot n}{100}}$$

Diese Gleichung wird als **Wachstumsfunktion** bezeichnet.

Die stetige Verzinsung besitzt in der eigentlichen Zinsrechnung keine Bedeutung, jedoch für viele Wachstumsvorgänge, beispielsweise bei der Analyse demographischer und ökologischer Entwicklungen sowie in den Naturwissenschaften. Dabei wird unterstellt, daß in unendlich kleinen Abständen etwas hinzukommt oder abnimmt, wie es beispielsweise beim radioaktiven Zerfall, beim Wachstum eines Holzbestandes, beim Bevölkerungswachstum oder beim Wachstum von Viren, Bakterien oder Algen der Fall ist.

Der effektive Jahreszins einer stetigen Verzinsung berechnet sich folgendermaßen (s. unterjährige Verzinsung):

$$p^* = \lim_{m \to \infty} \left(\left(1 + \frac{\frac{p}{100}}{m}\right)^m - 1\right) \cdot 100 = \left(e^{\frac{p}{100}} - 1\right) \cdot 100$$

Beispiel 9.8: Stetige Verzinsung

Welche Summe ergibt sich für ein Anfangskapital von 2.500 DM bei einem Zinssatz von 9,3 % nach fünf Jahren

a) bei jährlicher Verzinsung

b) bei stetiger Verzinsung?

Wie hoch sind die effektiven Jahreszinsen bei a) und b)?

a) $K_n = 2.500 \cdot 1{,}093^5 = 3.899{,}79$ DM

$p^* = 9{,}3$ %

$$\text{b) } K_n = K_0 \cdot e^{\frac{p \cdot n}{100}} = 2.500 \cdot e^{\frac{46,5}{100}} \quad (n \cdot p = 5 \cdot 9,3 = 46,5)$$

$$= 2.500 \cdot e^{0,465} = 3.980,04$$

$$p^* = 9,7462\,\%$$

Übungsaufgaben zum 9. Kapitel

Aufgabe 9.8:

Wann verdoppelt sich ein Kapital bei 6 % Zinsen und stetiger Verzinsung?

Aufgabe 9.9:

Welche der folgenden Alternativen ist für die Anlage von 5.000 DM für zehn Jahre optimal?

a) 9 % Zinseszins

b) 8,9 % halbjährige Verzinsung

c) 8,7 % stetige Verzinsung

Aufgabe 9.10:

Bei einem Bohnenanbau wird bei 13 % der Pflanzen ein Pilzbefall festgestellt. Eine Verarbeitung der befallenen Pflanzen ist nicht möglich.

Am fünften Tag nach der Feststellung des Pilzbefalls wird ein Ernteausfall von 18 % der Pflanzen registriert.

a) Welche tägliche Wachstumsrate hat der Pilzbefall?

b) Nach wievielen Tagen ist die halbe Ernte vernichtet?

c) Die Bohnen benötigen ab dem Zeitpunkt der Pilzbefallfeststellung noch 30 Tage zur Reife. Wieviel Prozent der Ernte sind dann vernichtet, wenn keine Gegenmaßnahmen getroffen werden?

9.2 Rentenrechnung

Unter einer Rente versteht man in der Finanzmathematik gleichbleibende Zahlungen, die in regelmäßigen Abständen geleistet werden.

Zur Vereinfachung wird hier vorausgesetzt, daß die Zahlungsbeträge gleich hoch sind und die Verzinsung nachschüssig erfolgt. Bei diesen Zahlungen kann es sich sowohl um Auszahlungen als auch auch um Einzahlungen handeln. Diese Definition entspricht nicht einer Rente im allgemeinen Sprachgebrauch.

Rente - regelmäßige Zahlungen (Ein- und Auszahlungen)

r   - Rate (die einzelne Zahlung); alle Zahlungsbeträge sind gleich hoch

R_n - Rentenendwert; Gesamtwert einer Rente am Ende der Zahlungen

R_0 - Rentenbarwert; Gesamtwert der Rente am Anfang der Zahlungen

q   - Zinsfaktor, mit dem die Raten in jedem Jahr verzinst werden

$$q = 1 + \frac{p}{100}$$

vorschüssige Rente - Rentenraten werden zu Beginn eines Jahres fällig

nachschüssige Rente - Rentenraten werden am Ende eines Jahres fällig

Ableitung der Formel zur Berechnung des Rentenendwertes:

a) **Nachschüssige** Rente

Bei der nachschüssigen Rente wird die 1. Rate r am Ende des 1. Jahres gezahlt. Nach Ablauf von n Jahren ist diese 1. Rate (n-1)-mal verzinst worden. Der Wert dieser 1. Rate r am Ende der Laufzeit beträgt also $r \cdot q^{n-1}$.

Die 2. Rate würde nach n Jahren nur (n-2)-mal verzinst, da sie erst am Ende des 2. Jahres gezahlt wurde. Es ergibt sich folgende Aufstellung für die einzelnen Zahlungen:

Jahre	Rate	Anzahl der Verzinsungen von r	Endwert der Rate
1	r	n-1	$r \cdot q^{n-1}$
2	r	n-2	$r \cdot q^{n-2}$
3	r	n-3	$r \cdot q^{n-3}$
.	.	.	.
.	.	.	.
n-2	r	2	$r \cdot q^2$
n-1	r	1	$r \cdot q$
n	r	0	r

Der **Rentenendwert** setzt sich aus den Endwerten der einzelnen Raten zusammen:

$$R_n = r \cdot q^{n-1} + r \cdot q^{n-2} + \ldots + r \cdot q^2 + r \cdot q + r = r \cdot \sum_{i=1}^{n} q^{i-1}$$

Der Rentenendwert entspricht also der n-ten Partialsumme einer geometrischen Reihe. Nach der Summenformel für geometrische Reihen ergibt sich für den Rentenendwert bei nachschüssiger Rente:

$$R_n = r \, \frac{q^n - 1}{q-1}$$

b) **Vorschüssige** Rente

Bei der vorschüssigen Rente wird jede Rate zu Beginn eines Jahres gezahlt. Damit wird jede Rate gegenüber der nachschüssigen Rente ein Jahr länger verzinst. Der Rentenendwert R_n^{*} einer vorschüssigen Rente

beträgt: $\quad R_n^{*} = r \cdot q \cdot q^{n-1} + r \cdot q \cdot q^{n-2} + \ldots + r \cdot q \cdot q^2 + r \cdot q \cdot q + r \cdot q$

$$= r \cdot q \cdot \sum_{i=1}^{n} q^{i-1} = r \cdot q \, \frac{q^n - 1}{q-1}$$

Beispiel 9.9: Rentenrechnung

S. legt jährlich 5.000 DM zu 6 % Zinsen an.

a) Welcher Betrag steht nach 12 Jahren bei nachschüssiger Verzinsung zur Verfügung?

b) Welcher bei vorschüssiger Verzinsung?

a) $R_n = r \, \dfrac{q^n - 1}{q-1} = 5.000 \, \dfrac{1{,}06^{12} - 1}{0{,}06} = 84.349{,}71$ DM

b) $R_n^{*} = r \cdot q \, \dfrac{q^n - 1}{q-1} = 5.000 \cdot 1{,}06 \, \dfrac{1{,}06^{12} - 1}{0{,}06} = 84.349{,}71 \cdot 1{,}06$

$\qquad = 89.410{,}69$ DM

Neben der Frage nach dem Rentenendwert treten noch zwei weitere charakteristische Fragestellungen in der Rentenrechnung auf:
- die Frage nach dem Gesamtwert der Rente zu einem bestimmten Zeitpunkt (Diskontierung), beispielweise die Frage nach dem Barwert einer Rente
- die Bestimmung der Raten aus vorgegebenem Bar- oder Endwert

Beispiel 9.10: Rentenrechnung

Herr L. möchte ab dem 66. Geburtstag zusätzlich zu seiner Rente zehn Jahre lang über einen jährlichen Betrag von 6.000 DM verfügen (nachschüssig).

a) Wie hoch muß das Kapital am 66. Geburtstag sein, wenn Herr L. einen Zinssatz von 6 % unterstellt?

b) Wie hoch ist der Endwert der Rente?

c) Welche regelmäßigen jährlichen Einzahlungen muß Herr L. leisten, wenn er das Kapital in 15 Jahren vorschüssig zu 7 % ansparen will?

a) Es muß der Barwert der zusätzlichen Rente von Herrn L. zu seinem 66. Geburtstag bestimmt werden.

$$\text{Dabei ist} \quad R_0 = \frac{R_n}{q^n} \quad \text{und} \quad R_n = r \, \frac{q^n - 1}{q - 1} \quad \text{(nachschüssig)}$$

$$R_0 = r \, \frac{q^n - 1}{q^n \, (q-1)} = 6.000 \cdot \frac{1{,}06^{10} - 1}{1{,}06^{10} \cdot 0{,}06} = 44.160{,}52 \text{ DM}$$

b) $\quad R_n = R_0 \cdot q^n = 44.160{,}52 \cdot 1{,}06^{10} = 79.084{,}77 \text{ DM}$

c) Die Rate r erhält man aus der Formel für den Rentenendwert (vorschüssig):

$$R_n^* = r \cdot q \, \frac{q^n - 1}{q - 1} \qquad r = \frac{R_n^* \cdot (q-1)}{q \cdot (q^n - 1)}$$

wobei $R_n^* = 44.160{,}52$ DM der Barwert der zusätzlichen Rente von Herrn L. an seinem 66. Geburtstag ist.

$$r = \frac{44.160{,}52 \cdot (0{,}07)}{1{,}07 \cdot (1{,}07^{15} - 1)} = 1.642{,}38 \text{ DM}$$

<u>Übungsaufgaben zum 9. Kapitel</u>

Aufgabe 9.11:

In einem Bausparvertrag sollen jedes Jahr 3.600 DM bei 3 % Zinsen angespart werden (nachschüssig).

a) Wie hoch ist das Bausparguthaben nach zehn Jahren?

b) Nach zehn Jahren wird die doppelte Bausparsumme ausgezahlt, die Schuld wird zu 5 % verzinst. Nach weiteren zehn Jahren soll die Schuld abgetragen sein. Wie hoch sind die Raten?

Aufgabe 9.12:

Herr B. besitzt einen Wohnwagen, den er heute für 20.000 DM verkaufen oder zehn Jahre lang für jährlich 2.100 DM nachschüssig vermieten kann (danach ist der Wohnwagen Schrott). Die Mieteinnahmen sowie den Verkaufspreis könnte Herr B. zu 7 % verzinsen.

Welche Alternative ist für Herrn B. günstiger?

9.3 Tilgungsrechnung

Die Tilgungsrechnung ist eine Weiterentwicklung der Zinseszins- und Rentenrechnung. Sie behandelt die Rückzahlung von Schulden, die zumeist in Teilbeträgen in einem vorher vereinbarten Zeitrahmen erfolgt. Die jährlichen Zahlungen (**Annuitäten**) schließen die zwischenzeitlich fälligen Zinsen und einen Tilgungsbetrag ein. Nur die Tilgungsbeträge senken die Schulden. Die Restschuld nach m Jahren ist also gleich der Anfangsschuld minus der Tilgungsbeträge:

$$K_m = K_0 - T_1 - T_2 - T_3 - \dots - T_m$$

Um einen Tilgungsvorgang übersichtlich darstellen zu können, ist ein **Tilgungsplan** unerläßlich. In ihm werden tabellarisch für jedes Jahr die Restschuld, die fälligen Zinsen, die Tilgungsrate und die zu zahlende Annuität aufgelistet.

In diesem Kapitel sollen zwei Hauptarten der Tilgungsrechnung vorgestellt werden, die Ratentilgung und die Annuitätentilgung.

Während der gesamten Dauer einer **Ratentilgung** ist die jährliche Tilgungsrate gleich hoch. Soll eine Schuld K_0 in n Jahren getilgt werden, so läßt sich die Tilgungsrate T folgendermaßen berechnen:

$$T = \frac{K_0}{n}$$

Die jährlich zu zahlende Annuität ist am Anfang relativ hoch, da die fälligen Zinsen bei hoher Restschuld hoch sind. Sie nehmen im Laufe der Tilgung ab, da die fälligen Zinsen mit Verringerung der Restschuld immer niedriger werden.

Beispiel 9.11: Tilgungsrechnung

Ein Immobilienkäufer nimmt einen Kredit von 200.000 DM bei 7 % jährlichen Zinsen auf. Dieser Kredit soll innerhalb von vier Jahren nachschüssig getilgt werden. Die Tilgungsrate beträgt

$$T = \frac{200.000}{4} = 50.000 \text{ DM}$$

Tilgungsplan:

Jahr	Restschuld (Jahresanfang)	Zinsen (Jahresende)	Tilgungsrate	Annuität
1	200.000	14.000	50.000	64.000
2	150.000	10.500	50.000	60.500
3	100.000	7.000	50.000	57.000
4	50.000	3.500	50.000	53.500
		35.000	200.000	235.000

Addiert man die Spalten Zinsen, Tilgungsrate und Annuität auf, so erhält man eine Kontrollmöglichkeit für den Tilgungsplan, denn die Summe der gezahlten Zinsen und der gezahlten Tilgungsraten muß die Gesamtannuität (bis auf Rundungsfehler) ergeben. Anhand des Beispiels erkennt man deutlich, daß die Belastungen des Schuldners während der Tilgung sehr unterschiedlich sind.

Bei der zweiten hier besprochenen Tilgungsart, der **Annuitätentilgung**, ist die Belastung des Schuldners während der gesamten Tilgungsdauer gleich, das heißt die jährlichen Annuitäten sind konstant. Diese Art der Tilgung ist bei Hypothekendarlehen üblich.

Die vom Schuldner jährlich gezahlten Annuitäten können als eine Rente aufgefaßt werden, da die Annuitäten gleich hoch sind und in regelmäßigen Abständen gezahlt werden (jährlich). Der Barwert dieser Rente muß der Anfangsschuld K_0 entsprechen.

$$K_0 = R_0 = \frac{R_n}{q^n}$$

$$R_n = K_0 \cdot q^n$$

Aus der Rentenrechnung ist folgende Formel für die Berechnung einer Rentenrate bekannt:

$$A = r = R_n \frac{q-1}{q^n-1} = K_0 \frac{q^n \cdot (q-1)}{q^n-1}$$

Beispiel 9.12: Tilgungsrechnung (Fortführung)

Für das obige Beispiel erhält man:

$$A = 200.000 \ \frac{1,07^4 \cdot (1,07-1)}{1,07^4-1} = 59.045,62 \text{ DM}$$

Tilgungsplan:

Jahr	Restschuld (Jahresanfang)	Zinsen (Jahresende)	Tilgungsrate	Annuität
1	200.000	14.000	45.045,62	59.045,62
2	154.954,38	10.846,81	48.198,82	59.045,62
3	106.755,56	7.472,89	51.572,73	59.045,62
4	55.182,83	3.862,80	55.182,83	59.045,62
		36.182,50	200.000	236.182,48

Auch hier besteht eine Kontrollmöglichkeit, da die Summe der gezahlten Zinsen und der gezahlten Tilgungsraten die Gesamtannuitäten ergeben müssen. Eine weitere Kontrolle ist die Addition der Tilgungsraten, da ihre Summe gleich der Anfangsschuld K_0 sein muß.

Bei der Annuitätentilgung ist die Belastung des Schuldners konstant. Die Tilgungsraten steigen im Laufe der Tilgung an, da die Zinsen mit Sinken

146

der Restschuld einen immer kleineren Anteil an den Annuitäten bilden. Bei Hypotheken sind 1 %-ige Anfangstilgungsraten durchaus üblich, wobei die Schuld durch den beschriebenen Effekt nicht erst nach 100 Jahren sondern ungefähr nach 30 Jahren zurückgezahlt ist.

__Übungsaufgabe zum 9. Kapitel__

Aufgabe 9.13:
Ein Kredit von 400.000 DM soll nach einer tilgungsfreien Zeit von fünf Jahren in den folgenden fünf Jahren bei einem Zinssatz von 8 % nach-schüssig zurückgezahlt werden.
Erstellen Sie die Tilgungspläne
a) für die Ratentilgung
b) für die Annuitätentilgung.

10. Kombinatorik

10.1 Grundlagen

In der Kombinatorik werden Anzahlberechnungen von möglichen Kombinationen durchgeführt. Ein typisches Beispiel für eine solche Anzahlberechnung ist das Lotto-Spiel. Die Frage nach der Chance, 6 Richtige im Lotto zu tippen, ist die Frage nach der Anzahl der Möglichkeiten, 6 Zahlen aus 49 auszuwählen. Die Kombinatorik gibt Regeln an, nach denen sich solche Anzahlen berechnen lassen.

10.2 Permutationen

Unter Permutationen versteht man die **verschiedenen** Anordnungen von Elementen einer Grundmenge, wobei in jeder Anordnung **alle** Elemente der Grundmenge berücksichtigt werden müssen. Sind alle Elemente der Grundmenge verschieden, werden die möglichen Anordnungen als **Permutationen ohne Wiederholung** bezeichnet.

Lassen sich mindestens zwei Elemente der Grundmenge nicht voneinander unterscheiden, handelt es sich um **Permutationen mit Wiederholung**.

Hierbei werden die identischen Elemente der Grundmenge in r Teilmengen zusammengefaßt und wird die Anzahl der Elemente aus der i-ten Teilmenge mit n_i bezeichnet.

Permutation	
Ohne Wiederholung (n = Anzahl der Elemente der Grundmenge)	$P = n!$
Mit Wiederholung (r Teilmengen gleichartiger Elemente)	$P = \dfrac{n!}{n_1! \; n_2! \; ... \; n_r!}$

Dabei bedeutet $n! = 1 \cdot 2 \cdot 3 \cdot ... \cdot n$, (lies: n Fakultät).

Beispiel 10.1: Permutationen

An einem Pferde-Springturnier nehmen 5 Pferde aus Monaco, 6 aus Andorra, 3 aus Liechtenstein und 5 aus San Marino teil.

a) Wieviele verschiedene Startmöglichkeiten gibt es für die Pferde?

b) Wieviele Startmöglichkeiten gibt es, wenn die Reiter eines Landes jeweils zusammen starten?

c) Wieviele Möglichkeiten des Turnierergebnisses gibt es, wenn die Pferde nur nach Ländern unterschieden werden?

a) Permutation ohne Wiederholung $n = 19$

$$P = 19! = 1{,}21645 \cdot 10^{17}$$

b) Permutation ohne Wiederholung $n = 4 \quad P = 4! = 24$

c) Permutation mit Wiederholung $\quad n = 19 \quad n_1 = 5 \quad n_2 = 6$

$$n_3 = 3 \quad n_4 = 5 \quad P = \frac{19!}{5!\ 6!\ 3!\ 5!} = 1.955.457.504$$

10.3 Kombinationen

Unter einer Kombination k-ter Ordnung versteht man die Zusammenstellung von **k Elementen** aus einer Grundmenge von **n Elementen**.

Auch bei den Kombinationen wird wieder die Unterscheidung getroffen, ob alle Elemente der Grundmenge **verschieden** sind (Kombination ohne Wiederholung), oder ob mindestens zwei Elemente der Grundmenge **gleich** sind (Kombination mit Wiederholung).

Weiter kann bei Kombinationen unterschieden werden, ob die **Reihenfolge** der Elemente eine Rolle spielen soll (Kombination mit Berücksichtigung der Anordnung) oder nicht (Kombination ohne Berücksichtigung der Anordnung). Bei Permutationen ist diese Unterscheidung nicht relevant, da in einer Permutation alle Elemente auftreten. Wenn die Anordnung nicht zu berücksichtigen wäre - es also auf die Reihenfolge nicht ankäme - , wären alle Permutationen identisch.

Insgesamt lassen sich vier verschiedene Arten von Kombinationen k-ter Ordnung aus n Elementen unterscheiden.

Kombination k-ter Ordnung	mit Berücksichtigung der Anordnung	ohne Berücksichtigung der Anordnung
Ohne Wiederholung (n = Anzahl der Elemente der Grundmenge)	$K_{k(n)} = \dfrac{n!}{(n-k)!}$	$K_{k(n)} = \dbinom{n}{k}$
Mit Wiederholung (n = Anzahl d. verschiedenen Elemente i.d. Grundmenge)	$K_{k(n)} = n^k$	$K_{k(n)} = \dbinom{n+k-1}{k}$

Der Binomialkoeffizient $\dbinom{n}{k}$ (lies: n über k) ist eine abkürzende

Schreibweise für den Quotienten: $\dbinom{n}{k} = \dfrac{n!}{(n-k)!\,k!}$ $\quad n, k \in \mathbb{N} \quad k \leq n$

1. Kombination ohne Wiederholung und mit Berücksichtigung der Anordnung

Bei dieser Art von Kombinationen tritt kein Element mehr als einmal auf, da alle Elemente der Grundmenge verschieden sind. Bei der Auswahl der Elemente soll nach der Reihenfolge unterschieden werden: A B $\neq$ B A.

Beispiel 10.2: Kombination ohne Wdh. mit Ber. der Anord.

Bei einem Preisrätsel sollen unter 200 richtigen Einsendungen die ersten drei Preise durch Losverfahren ermittelt werden. Wieviele Kombinationen gibt es?

Es handelt sich um eine Kombination 3. Ordnung ohne Wiederholung mit Berücksichtigung der Anordnung.

$$K_{3(200)} = \frac{200!}{(200-3)!} = \frac{1 \cdot 2 \cdot \ldots \cdot 197 \cdot 198 \cdot 199 \cdot 200}{1 \cdot 2 \cdot \ldots \cdot 194 \cdot 195 \cdot 196 \cdot 197} =$$

$$= 198 \cdot 199 \cdot 200 = 7.880.400$$

2. Kombination ohne Wiederholung und ohne Berücksichtigung der Anordnung

Auch bei dieser Art von Kombinationen sollen alle Elemente der Grundmenge verschieden sein. Bei der Auswahl der k Elemente soll nur von Bedeutung sein, welche Elemente gewählt und nicht in welcher Reihenfolge sie gewählt wurden,das heißt AB = BA.

Beispiel 10.3: Kombination ohne Wdh. ohne Ber. der Anord.

Bei der Auswahl von zwei Büchern aus fünf verschiedenen Büchern (1, 2, 3, 4, 5) soll es keine Rolle spielen, in welcher Reihenfolge sie gelesen werden.

$$\binom{5}{2} = \frac{5!}{(5-2)! \cdot 2!} = \frac{4 \cdot 5}{2} = 10$$

Beispiel 10.4: Kombination ohne Wdh. ohne Ber. der Anord.

Wieviele Möglichkeiten gibt es beim Zahlenlotto 6 aus 49?

Es handelt sich um eine Kombination ohne Wiederholung und ohne Berücksichtigung der Anordnung.

$$K_{6(49)} = \frac{49!}{(49-6)! \cdot 6!} = \frac{44 \cdot 45 \cdot 46 \cdot 47 \cdot 48 \cdot 49}{1 \cdot 2 \cdot 3 \cdot 4 \cdot 5 \cdot 6} = 13.983.816$$

3. Kombination mit Wiederholung und mit Berücksichtigung der Anordnung

Bei den Kombinationen mit Wiederholung wird die Grundmenge anders strukturiert als bei den Kombinationen ohne Wiederholung. Es wird hierbei nicht die Anzahl ihrer Elemente gezählt, sondern wieviele **verschiedene** Elemente existieren. Von allen Teilmengen, in denen die jeweils gleichen Elemente zusammengefaßt werden, wird vorausgesetzt, daß sie eine beliebig große Anzahl von Elementen enthalten.

Ein Beispiel hierfür ist das Würfeln mit einem sechsseitigen Würfel mit folgender Kennzeichnung der einzelnen Seiten: 1, 2, 3, 4, 5, 6. Es wird nur danach unterschieden, welche Augenzahl gewürfelt wird, die Grundmenge besteht also aus den Teilmengen {1}, {2}, {3}, {4}, {5}, {6}. Es ist ohne Bedeutung, wie oft gewürfelt werden soll (das bedeutet es kann auch $k \geq n$ sein), da vor jedem Würfeln **alle** verschiedenen Elemente wieder zu Verfügung stehen.

Beispiel 10.5: Kombination mit Wdh. mit Ber. der Anord.

Wieviele Möglichkeiten gibt es, beim Toto zu tippen, wobei 0 Punkte für das Unentschieden eines Fußballspieles, 1 Punkt für einen Heimsieg und 2 Punkte für einen Gastspielsieg stehen und 11 Spiele berücksichtigt werden?

Es ist eine Kombination mit Wiederholung und Berücksichtigung der Anordnung.

$$K_{11(3)} = 3^{11} = 177.147$$

4. Kombination mit Wiederholung und ohne Berücksichtigung der Anordnung

Bei dieser Art von Kombinationen soll mit n wieder die Anzahl der verschiedenen Elemente der Grundmenge bezeichnet werden. Außerdem soll die Reihenfolge der Elemente in einer Kombination nicht berücksichtigt werden, also A B = B A.

Beispiel 10.6: Kombination mit Wdh. ohne Ber. der Anord.

E. hat seiner Freundin versprochen, auf einer Party höchstens vier Gläser Wein zu trinken. Er hat die Wahl zwischen 5 Weißweinen, 4 Rosé und 3 Rotweinen.

Wieviele verschiedene Zusammenstellungen gibt es für E., wenn er tatsächlich vier Gläser trinkt?

Es handelt sich um eine Kombination mit Wiederholung und ohne Berücksichtigung der Anordnung.

E. hat die Wahl zwischen zwölf unterschiedlichen Weinsorten, n = 12 und k = 4.

$$K_{4(12)} = \binom{12+4-1}{4} = \binom{15}{4} = \frac{15!}{11! \cdot 4!} = 1.365$$

<u>Übungsaufgabe zum 10. Kapitel</u>

Aufgabe 10.1:

Bei einem Safeschloß können drei Zahlen von 1 bis 50 eingestellt werden, wobei jede Zahl höchstens einmal vorkommen darf.

Wie viele Safekombinationen sind möglich?

Aufgabe 10.2:

Wie viele Kombinationsmöglichkeiten gibt es bei Autokennzeichen, die neben der Kreiskennzeichnung aus zwei Buchstaben und drei Ziffern bestehen.

Folgende Annahmen sollen gelten:
- alle Buchstabenkombinationen sind erlaubt
- die Ziffernkombination 000 ist nicht erlaubt
- 003 = 3

Zusatzfrage: Wie viele Kombinationen sind es, wenn auch Kombinationen mit einem Buchstaben erlaubt sind?

Aufgabe 10.3:

Im Schaufenster eines Spielzeuggeschäftes sollen 3 Puppen, 5 Teddybären und 4 Affen auf einem Sofa dekoriert werden.

a) Wie viele Möglichkeiten gibt es, die Spielzeuge anzuordnen?

b) Wie viele Möglichkeiten gibt es, wenn nur nach der Art des Spielzeuges unterschieden werden soll?

Aufgabe 10.4:

Eine Klasse mit 25 Schülern wählt ihren Klassensprecher und seine zwei Stellvertreter. Wie viele Möglichkeiten gibt es?

Aufgabe 10.5:

Eine Münze wird m-Mal geworfen. Die Ergebnisse werden fortlaufend notiert. Wie viele Kombinationen sind denkbar?

Aufgabe 10.6:

Immer wieder hört man es beim Skatspiel, daß ein Mitspieler behauptet, er habe dasselbe Blatt auf der Hand wie vor wenigen Spielen.

Was halten Sie von dieser Aussage?

Tips zur Lösung der Übungsaufgaben

Aufgabe 2.1:

b) Beachten Sie die Steigung von Kosten- und Umsatzfunktion.

Aufgabe 3.3:

Beachten Sie den eingeschränkten Definitionsbereich.

Aufgabe 4.1:

Für die 6 Aufgaben unter Punkt 4 benötigt man die Kettenregel, die innere Funktion ist bei diesen Aufgaben identisch.

Aufgabe 4.3:

Diese Funktion hat auch einen Sattelpunkt.

Aufgabe 4.5:

Der Gewinn ist im Gewinnmaximum negativ, wie ist das zu interpretieren?

Aufgabe 5.2:

Bilden Sie die erweiterte Zielfunktion und leiten Sie diese nach den 3 Variablen und λ partiell ab, zur Kontrolle sind benachbarte Punkte zu untersuchen.

Aufgabe 6.4:

Untersuchen Sie die Funktion auf Definitionsbereich, Verhalten im Unendlichen, Nullstellen, Extrema, Wendepunkte, Krümmungs- und Steigungsverhalten. Fertigen Sie eine Skizze an.

Aufgabe 6.6:

Gehen Sie von einer stetigen Funktion aus.

Aufgabe 7.2:

Lösen Sie die Aufgabe durch Matrizenmultiplikationen. Eventuell müssen die Matrizen dafür transponiert werden.

Aufgabe 7.6:

Die Variablen lauten: x_1 für die Anzahl des Packungstyps 1, x_2 für Anzahl des Packungstyps 2.
Stellen Sie je eine Gleichung auf für die benötigten Chips.

Aufgabe 8.2:

Die Darstellungen der Nebenbedingungen für Mindestabnahme und Lagermöglichkeit stellen Parallelen zu den Achsen dar.

Aufgabe 9.2:

Es sind weder Anfangs- noch Endkapital bekannt, aber der Quotient aus diesen.

Aufgabe 9.13:

Tilgungsfreie Zeit bedeutet nicht, daß keine Zinsen gezahlt werden.

Aufgabe 10.2:

Alle Möglichkeiten der Buchstaben können mit allen der Ziffern kombiniert werden (Multiplikation der Einzelergebnisse).

Aufgabe 10.3:

Es handelt sich um Permutationen.

Aufgabe 10.6:

Berechnen Sie die Anzahl der Möglichkeiten, 10 Elemente (Karten) aus 32 Elementen auszuwählen. Es ist eine Kombination ohne Wiederholung (jede Karte ist nur einmal vorhanden), ohne Berücksichtigung der Anordnung (der Spieler sortiert die Karten in seiner Hand neu).

<u>Musterlösungen zu den Übungsaufgaben</u>

Aufgabe 2.1:

a) $K(x) = 1.000 + 1{,}5x$ $U(x) = 2{,}5x$

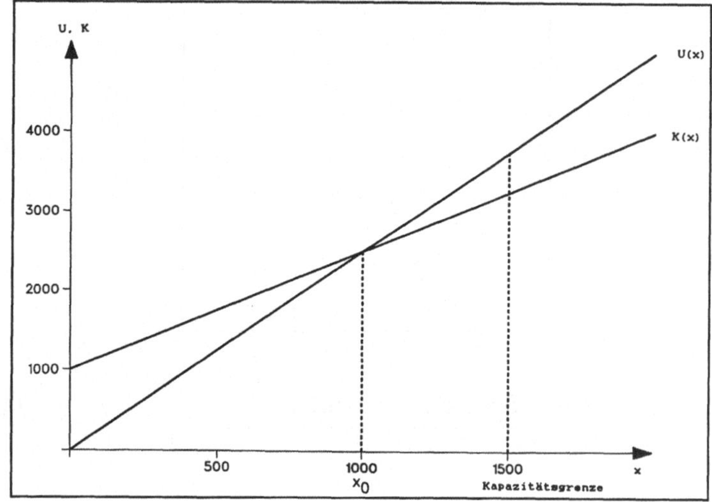

$$G(x) = U(x) - K(x) = 0 = 2{,}5x - 1.000 - 1{,}5x \qquad x_0 = 1.000$$

b) Wenn der Preis auf 1,25 DM fällt, ist der Stückdeckungsbeitrag negativ, und es kann kein Gewinn erzielt werden. Die Steigung der Kostenfunktion ist dann größer als die der Umsatzfunktion, so daß kein Schnittpunkt existiert.

Aufgabe 3.1:

Schnittpunkte mit den Koordinatenachsen

z-Achse: $x = 0$, $y = 0$, $z = 20$

x-Achse: $y = 0$, $z = 0$, $x = 5$

y-Achse: $x = 0$, $z = 0$, $y = 4$

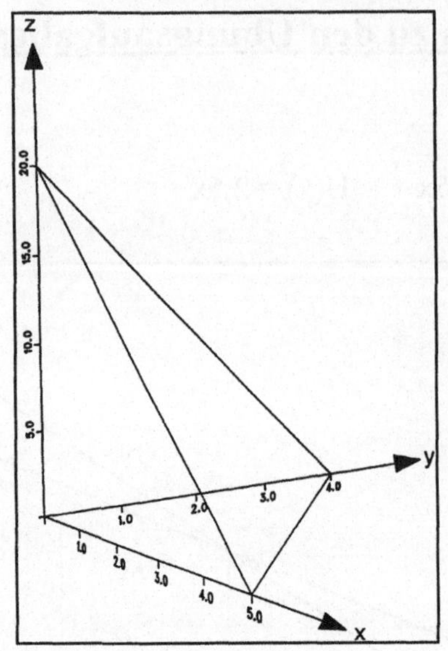

b)   z = 0: Schnittgerade mit x-y-Ebene   y = 4 – 0,8x

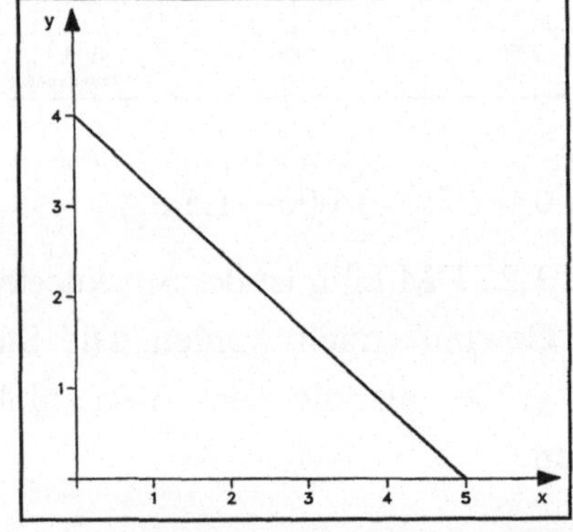

x = 0: Schnittgerade mit z-y-Ebene   y = 0: Schnittgerade mit z-x-Ebene

       z = 20 – 5y   z = 20 – 4x

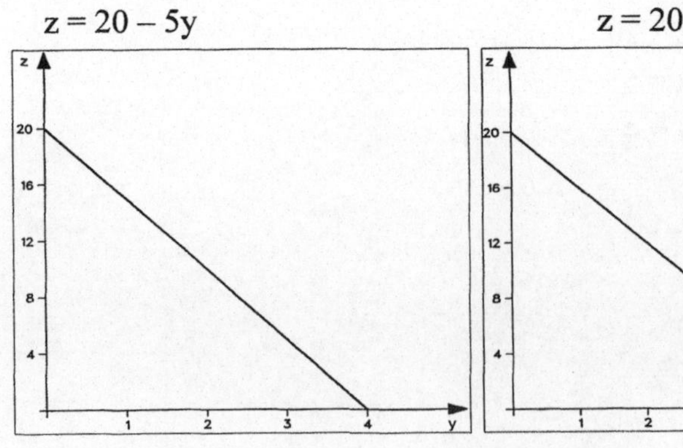

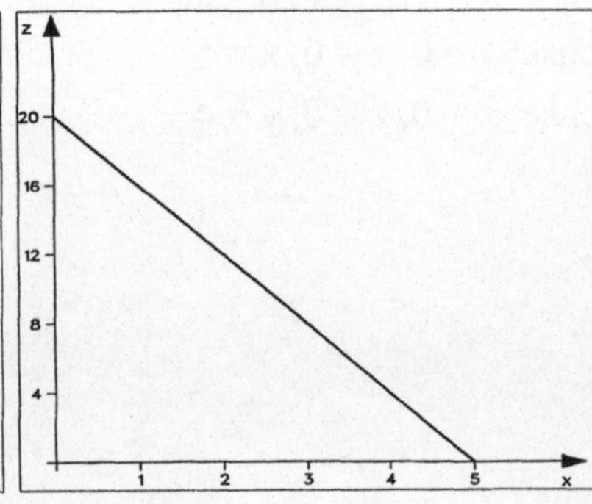

c) z = 0,   y = 4 − 0,8x

   z = 20,   y = − 0,8x

   z = 40,   y = − 4 − 0,8x

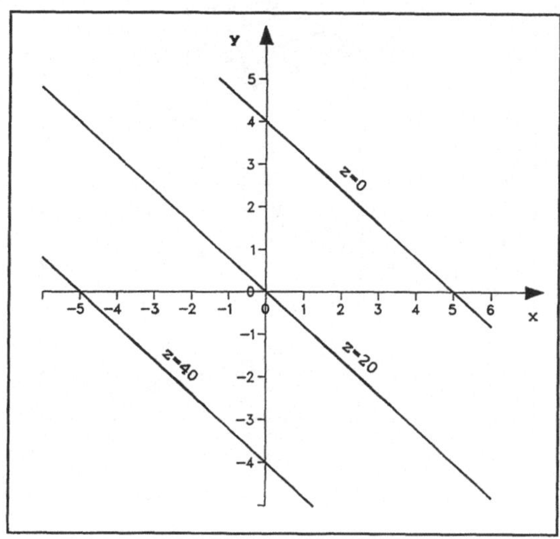

Aufgabe 3.2:

Graphische Ermittlung:

Zeichnung des Ertragsgebirges, das durch die Produktionsfunktion aufge-
spannt wird. Parallel zur x_1-x_2-Ebene werden Schnittebenen durch das
Ertragsgebirge gelegt, deren Höhe dem gesuchten y entspricht. Diese sich
ergebenden Schnittkurven (Isohöhenlinien) werden auf die x_1-x_2-Ebene
projiziert. Auf diesen Isoquanten sind alle Kombinationen der beiden
Produktionsfaktoren ablesbar, die zu einer bestimmten Produktionsmenge
führen.

Analytische Ermittlung:

Die gesuchte Produktionsmenge y = const wird in die Produktionsfunktion
eingesetzt, die dann nach x_1 oder x_2 aufgelöst wird.

<u>*Aufgabe 3.3:*</u>

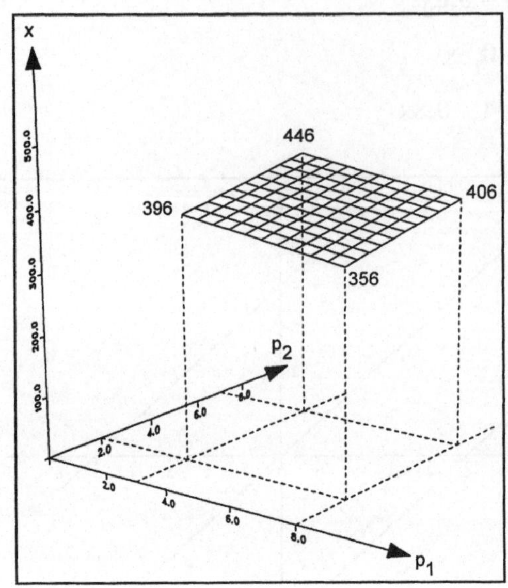

<u>*Aufgabe 4.1:*</u>

1. $f(x) = 4x^{\frac{1}{2}} + 3\,e^{x} - 2\ln x + \frac{3}{5}$

$f'(x) = \dfrac{2}{\sqrt{x}} + 3\,e^{x} - \dfrac{2}{x}$

2. $f'(x) = \left(3x^2 - \dfrac{1}{x}\right) e^{x} + (x^3 - \ln x + 10)\,e^{x}$

3. $f'(x) = \dfrac{\left(2x + \frac{1}{\sqrt{x}}\right)(x^2 + 7) - (x^2 + 2\sqrt{x})\,2x}{(x^2 + 7)^2} = \dfrac{14x + \frac{7}{\sqrt{x}} - 3\sqrt{x^3}}{(x^2 + 7)^2}$

4a. $f'(x) = 50\left(3x^2 + \dfrac{1}{x^2}\right)^{49}\left(6x - \dfrac{2}{x^3}\right)$

4b. $f'(x) = -50\left(3x^2 + \dfrac{1}{x^2}\right)^{-51}\left(6x - \dfrac{2}{x^3}\right)$

4c. $f'(x) = \dfrac{1}{50}\left(3x^2 + \dfrac{1}{x^2}\right)^{-\frac{49}{50}}\left(6x - \dfrac{2}{x^3}\right)$

4d. $f'(x) = e^{\left(3x^2 + \frac{1}{x^2}\right)}\left(6x - \dfrac{2}{x^3}\right)$

4e. Potenzregel $\quad f'(x) = (\ln 20)\, 20^{\left(3x^2 + \frac{1}{x^2}\right)} \left(6x - \frac{2}{x^3}\right)$

4f. $\quad f'(x) = \dfrac{6x - \dfrac{2}{x^3}}{3x^2 + \dfrac{1}{x^2}}$

5a. $\quad f(x) = \left(x \cdot x^{\frac{1}{2}}\right)^{\frac{1}{2}} = \left(x^{\frac{3}{2}}\right)^{\frac{1}{2}} = x^{\frac{3}{4}} \qquad f'(x) = \dfrac{3}{4\sqrt[4]{x}}$

5b. $\quad f'(x) = 20 \cdot z^{19} \cdot \left(\sqrt{x+1} + 1\right)' = 20 \cdot z^{19} \cdot \left((x+1)^{\frac{1}{2}} + 1\right)'$

$\qquad = 20 \cdot z^{19} \cdot \left(\frac{1}{2}\,(x+1)^{-\frac{1}{2}}\right) \cdot 1 = 20 \cdot \left(\sqrt{x+1} + 1\right)^{19} \cdot \dfrac{1}{2\sqrt{x+1}}$

Aufgabe 4.2:

Nullstellen von f' $\quad x_1 = 0, \ x_2 = -3, \ x_3 = -2$

$f''(0) = 36 \qquad > 0 \quad \rightarrow \text{Minimum}$

$f''(-3) = 18 \quad > 0 \quad \rightarrow \text{Minimum}$

$f''(-2) = -12 \ < 0 \quad \rightarrow \text{Maximum}$

Aufgabe 4.3:

Nullstellen von f' $\quad x_1 = 0, \ x_2 = -\dfrac{5}{6}$

$f''\!\left(-\dfrac{5}{6}\right) = 30x^4 + 20x^3 > 0 \qquad \rightarrow \qquad \text{Minimum}$

$f''(0) \ = 0$

$f''''(0) = 120 \neq 0 \quad \rightarrow \text{Sattelpunkt}$

Aufgabe 4.4:

Eine Nullstelle liegt (gerundet) bei 0,6926419. Die zweite Nullstelle liegt

bei $-1,7843598$

Aufgabe 4.5:

$$U(x) = 12x - 0{,}8x^2 \qquad G(x) = -0{,}8x^2 + 10x - 32$$

$$G'(x) = -1{,}6x + 10 = 0 \quad \text{für } x = 6{,}25$$

$$G''(6{,}25) < 0 \;\rightarrow\; \text{Maximum} \qquad p(6{,}25) = 7 \qquad G(6{,}25) = -0{,}75$$

Das Gewinnmaximum entspricht einem Verlustminimum.

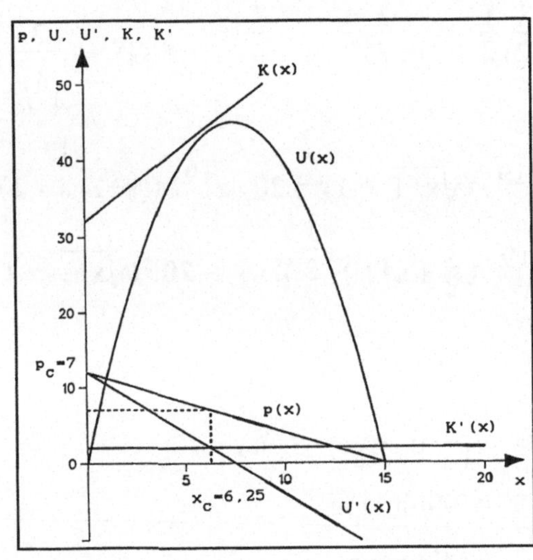

Aufgabe 4.6:

Marktgleichgewicht in $p = 70$ und $x = 20$

Preiselastizität der Nachfrage: $\quad e_{x,p} = -2 \cdot \dfrac{70}{20} = -7$

Preiselastizität des Angebots: $\quad e_{x,p} = 1 \cdot \dfrac{70}{20} = 3{,}5$

Aufgabe 4.7:

a) $\quad e_{x,p} = -\dfrac{1}{4} \cdot \dfrac{p}{1.250 - \dfrac{1}{4}p}$

b) $\quad p = 3.000:\; e = -\dfrac{1}{4} \cdot \dfrac{3.000}{1.250 - 750} = -\dfrac{3}{2} \quad$ elastisch

$\qquad p = 1.000:\; e = -\dfrac{1}{4} \quad$ unelastisch

$\qquad p = 100:\; e = -0{,}0204 \quad$ unelastisch

Aufgabe 5.1:

$$U(x_1) = 1.800x_1 - 8x_1{}^2$$

$$U(x_2) = 2.000x_2 - 10x_2{}^2$$

$$G(x_1,x_2) = 850x_1 - 8x_1{}^2 + 950x_2 - 10x_2{}^2 - 15x_1x_2 - 3.000$$

$$\frac{\partial G}{\partial x_1} = 850 - 16x_1 - 15x_2 = 0$$

$$\frac{\partial G}{\partial x_2} = 950 - 20x_2 - 15x_1 = 0$$

$$x_1 = 28{,}9474 \qquad x_2 = 25{,}7895$$

$$\frac{\partial^2 G}{\partial x_1{}^2} = -16 \qquad \frac{\partial^2 G}{\partial x_2{}^2} = -20 \qquad \frac{\partial^2 G}{\partial x_1 \partial x_2} = -15$$

$$(-16) \cdot (-20) > (-15)^2 \qquad \rightarrow \text{ Maximum}$$

Der Unternehmer sollte gerundet 29 Stück von Produkt 1 zu einem Preis von 1.568 DM und 26 Stück von Produkt 2 zu einem Preis von 1.740 DM anbieten. $(G_{max} = 21.552 \text{ DM})$.

Aufgabe 5.2:

$$f^*(x,y,z,\lambda) = 5x + 10y + 20z - \frac{1}{2}x^2 - \frac{1}{4}y^2 - z^2 + \lambda\,(x + 2y + 4z - 17)$$

$$\frac{\partial f^*}{\partial x} = 5 - x + \lambda = 0$$

$$\frac{\partial f^*}{\partial y} = 10 - \frac{1}{2}y + 2\lambda = 0$$

$$\frac{\partial f^*}{\partial z} = 20 - 2z + 4\lambda = 0$$

$$\frac{\partial f^*}{\partial \lambda} = x + 2y + 4z - 17 = 0$$

Stationärpunkt: $\qquad x = 1 \quad y = 4 \quad z = 2 \quad \lambda = -4 \quad f(1,4,2) = 76{,}5$

Zur Kontrolle Berechnung des Nutzens an benachbarten Stellen, die ebenfalls die Nebenbedingungen erfüllen:

$$f(3,5,1) = 73{,}25 \qquad f(3,3,2) = 74{,}25$$

Es handelt sich um das Maximum der Nutzenfunktion.

Aufgabe 5.3:

$$f^*(x_1, x_2, x_3, \lambda) = 22 + \frac{1}{4}x_1^2 + \frac{1}{8}x_2^2 + \frac{1}{2}x_3^2 + \lambda\,(3x_1 + 2x_2 + 4x_3 - 25)$$

$$\frac{\partial f^*}{\partial x_1} = \frac{1}{2}x_1 + 3\lambda = 0$$

$$\frac{\partial f^*}{\partial x_2} = \frac{1}{4}x_2 + 2\lambda = 0$$

$$\frac{\partial f^*}{\partial x_3} = x_3 + 4\lambda = 0$$

$$\frac{\partial f^*}{\partial \lambda} = 3x_1 + 2x_2 + 4x_3 - 25 = 0$$

Stationärpunkt: $x_1 = 3 \quad x_2 = 4 \quad x_3 = 2 \quad \lambda = -0{,}5 \quad f(3,4,2) = 28{,}25$

Benachbarte Punkte: $\qquad f(5,3,1) = 29{,}875 \quad f(3,2,3) = 29{,}25$

Es handelt sich um das Minimum.

Aufgabe 5.4:

Zielfunktion: $\quad G = 0{,}15 \cdot \left(\dfrac{40x}{2 + 0{,}002x} + \dfrac{30y}{3 + 0{,}0015y} \right) - x - y$

Nebenbedingung: $x + y = 500$

Erweiterte Zielfunktion:

$$G^* = 0{,}15 \cdot \left(\frac{40x}{2 + 0{,}002x} + \frac{30y}{3 + 0{,}0015y} \right) - x - y + \lambda\,(x + y - 500)$$

$$= \left(\frac{6x}{2 + 0{,}002x} + \frac{4{,}5y}{3 + 0{,}0015y} \right) - x - y + \lambda\,(x + y - 500)$$

partielle Ableitungen:

$$\frac{\partial G^*}{\partial x} = \frac{6\,(2 + 0{,}002x) - 6x \cdot 0{,}002}{(2 + 0{,}002x)^2} - 1 + \lambda = \frac{12}{(2 + 0{,}002x)^2} - 1 + \lambda = 0$$

$$\frac{\partial G^*}{\partial y} = \frac{4{,}5\,(3 + 0{,}0015y) - 4{,}5y \cdot 0{,}0015}{(3 + 0{,}0015y)^2} - 1 + \lambda = \frac{13{,}5}{(3 + 0{,}0015y)^2} - 1 + \lambda = 0$$

$$\frac{\partial G^*}{\partial \lambda} = x + y - 500 = 0$$

Auflösung des Gleichungssystems:

$$\frac{12}{(2 + 0{,}002x)^2} = \frac{13{,}5}{(3 + 0{,}0015y)^2}$$

$$x = 500 - y$$

$$\frac{12}{(2 + 1 - 0{,}002y)^2} = \frac{13{,}5}{(3 + 0{,}0015y)^2}$$

$$\frac{12}{9 - 0{,}012y + 0{,}000004y^2} = \frac{13{,}5}{9 + 0{,}009y + 0{,}00000225y^2}$$

$$0{,}000027y^2 - 0{,}27y + 13{,}5 = 0$$

$$y^2 - 10.000y + 500.000 = 0$$

$$y_1 = 50{,}2525 \qquad x_1 = 449{,}7475$$

$$y_2 = 9.949{,}7475 \quad x_2 = -9.449{,}7475 \quad \text{ökonomisch nicht relevant}$$

$$\lambda = -0{,}4274$$

Stationärpunkt: $x_1 = 449{,}7475$ $y_1 = 50{,}2525$

Hinreichende Bedingung für Vorliegen eines Extremwertes

$$\frac{\partial^2 G^*}{\partial x^2} = -\frac{0{,}048}{(2 + 0{,}002x)^3}$$

$$\frac{\partial^2 G^*}{\partial y^2} = -\frac{0{,}0405}{(3 + 0{,}0015y)^3}$$

$$\frac{\partial^2 G^*}{\partial x \partial y} = 0$$

$$f_{xx}''(x_0,y_0) \cdot f_{yy}''(x_0,y_0) > (f_{xy}''(x_0,y_0))^2$$

$$(-0{,}00196913)\,(-0{,}00139238) > 0$$

$$0{,}00000274 > 0$$

$f_{xx}''(x_0,y_0)$ und $f_{yy}''(x_0,y_0)$ sind negativ;

daraus folgt, daß an der gefundenen Stelle ein Maximum vorliegt.

<u>***Aufgabe 6.1:***</u>

1. $\quad F(x) \;=\; \frac{1}{2}x^2 + C$

2. $\quad F(x) \;=\; e^x + \frac{1}{7}x^7 + C$

3. $\quad F(x) \;=\; \dfrac{7\sqrt[7]{x^8}}{8} + 7x + C$

4. $\quad F(x) \;=\; -\frac{1}{x} + C$

5. $\quad F(x) \;=\; 2\sqrt{x} + C$

6. $\quad F(x) \;=\; x^5 + x^3 - \frac{1}{2}x^2 + \frac{4}{3}\sqrt{x^3} - 9x + C$

<u>***Aufgabe 6.2:***</u>

1. 1,7183
2. 102,4

<u>***Aufgabe 6.3:***</u>

1. $\quad$ Nullstelle $x_0 = -\frac{2}{3}$ außerhalb des Intervalls. $\quad A = 32$

2. $\quad$ Nullstellen $x_1 = 0$ und $x_2 = 2$

$\quad F = |F_1| + |F_2| + |F_3| = |4| + |{-4}| + |4| = 12$

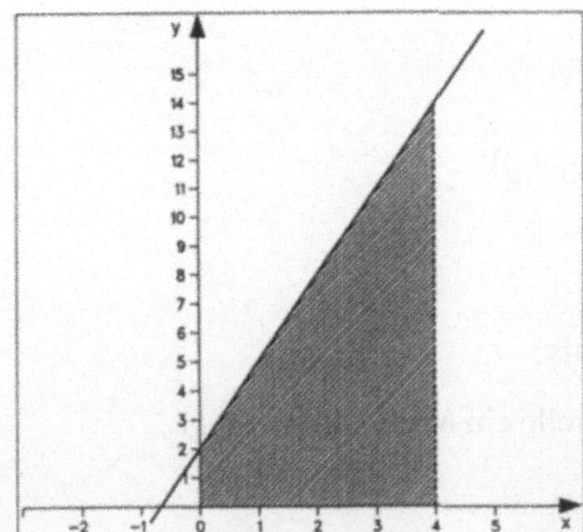
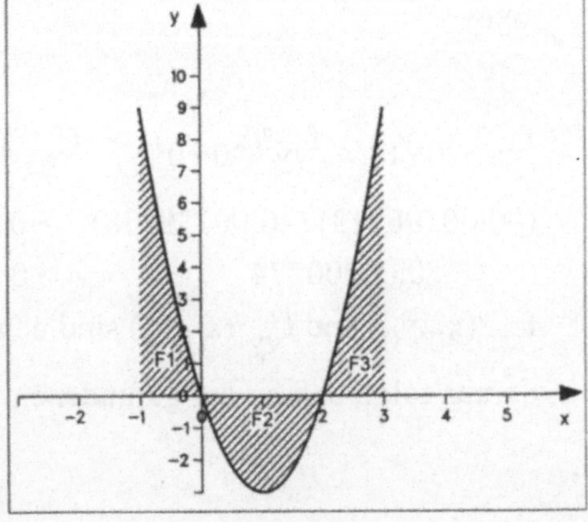

<u>***Aufgabe 6.4:***</u>

$f(x) = 2x^3 - 4x^2 + 2x$

1. Definitionsbereich unbeschränkt

2. keine Definitionslücken

3. $x \to \infty: \quad f(x) \to \infty$

   $x \to -\infty: \quad f(x) \to -\infty$

4. Nullstellen: $x_1 = 0, \; x_2 = 1$

5. Extrema: $\quad$ Minimum für $x = 1$

   $\quad\quad\quad\quad\quad$ Maximum für $x = \dfrac{1}{3}$

6. Wendepunkt an der Stelle $x = \dfrac{2}{3}$

7. x von $-\infty$ bis $\dfrac{1}{3}$: rechtsgekrümmt, steigend

   x von $\dfrac{1}{3}$ bis $\dfrac{2}{3}$: rechtsgekrümmt, fallend

   x von $\dfrac{2}{3}$ bis 1 : linksgekrümmt, fallend

   x von 1 bis ∞ : linksgekrümmt, steigend

8. Skizze

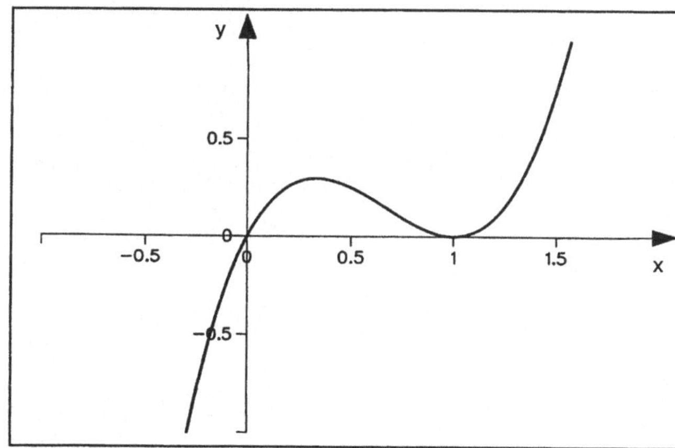

Fläche: $\dfrac{1}{6} = 0{,}1667$

Aufgabe 6.5:

$K(x) = x^3 - 3x^2 + 3x + K_f$

$K(10) = 733 = x^3 - 3x^2 + 3x + K_f \rightarrow K_f = 3$

$U(x) = 16x - 2x^2$

$G(x) = -x^3 + x^2 + 13x - 3$

$G'(x) = -3x^2 + 2x + 13 = 0$

$x_1 = 2,4415 \qquad x_2 = -1,7749$ ökonomisch nicht relevant

$G''(2,4415) = -6x + 2 < 0 \rightarrow$ Maximum

$G(2,4415) = 20,1468$

$p(2,4415) = 11,1170$

Aufgabe 6.6:

a) $\displaystyle\int_{0,7}^{5,3} n(x)\ dx = [-0,09x^3 + 0,81x^2 - x]_{0,7}^{5,3} = 4,38794\ (1000\ \%)$

$\displaystyle\int_{0,7}^{2} n(x)\ dx = 0,85397\ (19,461752\%)$

b) $\displaystyle\int_{4}^{5,3} n(x)\ dx = 0,85397\ (19,461752\%)$

c) $\displaystyle s \cdot \int_{0,7}^{5,3} n(x)\ dx = 2300 \rightarrow s \cdot 4,38794 = 2300 \rightarrow s = 524,16396$

Aufgabe 6.7:

Bei $p = 8$ gilt $x = 20$.

Konsumentenrente $= 186,6667 - 160 = 26,6667$

Aufgabe 7.1:

a) Nicht möglich, da Spaltenzahl von **A** nicht mit der Zeilenzahl von **B** übereinstimmt.

b) $\quad (21\ \ 24\ \ -9\ \ 30)$

c)
$$\begin{pmatrix} 82 & -40 & -6 \\ 12 & -40 & 44 \\ 58 & -30 & -2 \end{pmatrix}$$

d)
$$\begin{pmatrix} 0 & 4 & 4 \\ 0 & 0 & 4 \\ -1 & 0 & 9 \end{pmatrix}$$

e)
$$\begin{pmatrix} 1 & 8 \\ -3 & -24 \\ 6 & 48 \end{pmatrix}$$

f) 102

g)
$$\begin{pmatrix} -78 & -42 \\ -85 & -39 \end{pmatrix} \qquad \begin{pmatrix} -27 & -51 \\ -58 & -90 \end{pmatrix}$$

h) Nicht möglich, Matrizen sind nicht vom gleichen Typ.

i)
$$\begin{pmatrix} 1 & -6 & 2 \\ -7 & 3 & 2 \\ 8 & 0 & -6 \end{pmatrix} \quad \text{Multiplikation mit Einheitsmatrix}$$

Aufgabe 7.2:

a)
$$(80 \quad 100 \quad 50) \cdot \begin{pmatrix} 2 & 8 & 6 \\ 5 & 8 & 5 \\ 4 & 6 & 6 \end{pmatrix} = (860 \quad 1.740 \quad 1.280)$$

b)
$$(40 \quad 60 \quad 70) \cdot \begin{pmatrix} 80 & 100 \\ 100 & 90 \\ 50 & 40 \end{pmatrix} = (12.700 \quad 12.200)$$

c) Betriebskosten pro Minute bestimmen und mit Ergebnis von a)
   multiplizieren.

$$(0,5 \quad 0,9 \quad 1,1) \cdot \begin{pmatrix} 860 \\ 1.740 \\ 1.280 \end{pmatrix} = 3.404 \text{ DM}$$

d) Kosten für Einzelteile

$$(80 \quad 100 \quad 50) \cdot \begin{pmatrix} 24 \\ 28 \\ 15 \end{pmatrix} = 5.470 \text{ DM}$$

Gesamtkosten $3.404 + 5.470 = 8.874$ DM

Gewinn = Umsatz − Kosten = $12.700 - 8.874 = 3.826$ DM

__Aufgabe 7.3:__

$$A = \begin{pmatrix} 2 & 4 & 2 \\ 5 & 8 & 8 \\ 5 & 3 & 2 \end{pmatrix} \quad B = \begin{pmatrix} 2 & 5 & 0 \\ 7 & 5 & 4 \\ 3 & 4 & 7 \end{pmatrix} \quad C = \begin{pmatrix} 9 & 8 \\ 6 & 4 \\ 1 & 8 \end{pmatrix}$$

$$A \cdot B = \begin{pmatrix} 38 & 38 & 30 \\ 90 & 97 & 88 \\ 37 & 48 & 26 \end{pmatrix}$$

$$G = A \cdot B \cdot C = \begin{pmatrix} 600 & 696 \\ 1.480 & 1.812 \\ 647 & 696 \end{pmatrix}$$

	P_1	P_2
R_1	600	696
R_2	1.480	1.812
R_3	647	696

__Aufgabe 7.4:__

a) $x_1 = 10$ $x_2 = 100$ $x_3 = 2$

b) $x_1 = -2$ $x_2 = 4$ $x_3 = 50$ $x_4 = 1$

__Aufgabe 7.5:__

$$0,5x_1 + x_2 + 3x_3 \qquad = 40$$
$$x_1 + \qquad 3x_3 + x_4 = 40$$
$$2x_1 + \qquad 4x_3 \qquad = 40$$
$$x_2 + x_3 + x_4 = 40$$

$$x_1 = 10 \quad x_2 = 20 \quad x_3 = 5 \quad x_4 = 15$$

__Aufgabe 7.6:__

x_1 – Anzahl der Packungen 1

x_2 – Anzahl der Packungen 2

$$4x_1 + 3x_2 = 17$$
$$2x_1 + 3x_2 = 13$$
$$x_1 = 2 \qquad x_2 = 3$$

<u>*Aufgabe 8.1:*</u>

x_1 – Produktionsmenge CD-Player

x_2 – Produktionsmenge Videorecorder

$$\frac{1}{6}\,x_1 \;+\; \frac{1}{4}\,x_2 \;\leq\; 120$$

$$\frac{1}{5}\,x_1 \;+\; \frac{1}{2}\,x_2 \;\leq\; 200$$

$$\frac{1}{20}\,x_1 \;+\; \frac{1}{12}\,x_2 \;\leq\; 37$$

$$x_1 \geq 0 \quad x_2 \geq 0$$

$$G = 30x_1 + 60\,x_2$$

Isogewinngerade: $G = 12.000$

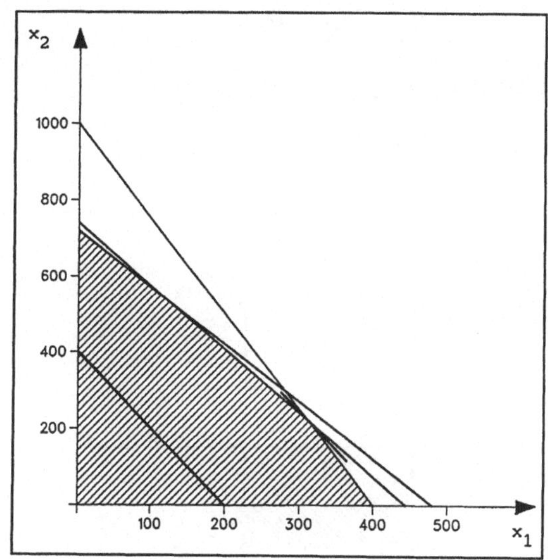

Parallelverschiebung zeigt: Gewinnmaximum liegt im Schnittpunkt der Kapazitätsgrenzen von Anlage II und Endkontrolle.

Schnittpunkt: $x_1 = 220 \quad x_2 = 312$

Der Gewinn beträgt dann: $G = 25.320$ DM

Aufgabe 8.2:

x_1 – Bestellmenge von Typ A, x_2 – Bestellmenge von Typ B

Gewinnfunktion: $G = 5.100x_1 + 6.000x_2$

Nebenbedingungen:

– Mindestabnahme: $x_1 \geq 30$

$x_2 \geq 20$

– Lagermöglichkeit: $x_1 \leq 65$

$x_2 \leq 45$

– Einkaufsetat: $20.000x_1 + 25.000x_2 \leq 2.000.000$

– Abnahmeverpflichtung: $x_1 \leq 3x_2$

$x_1 - 3x_2 \leq 0$

– Nichtnegativitätsbedingungen: $x_1 \geq 0$ $x_2 \geq 0$

Isogewinngerade für $G = 306.000$

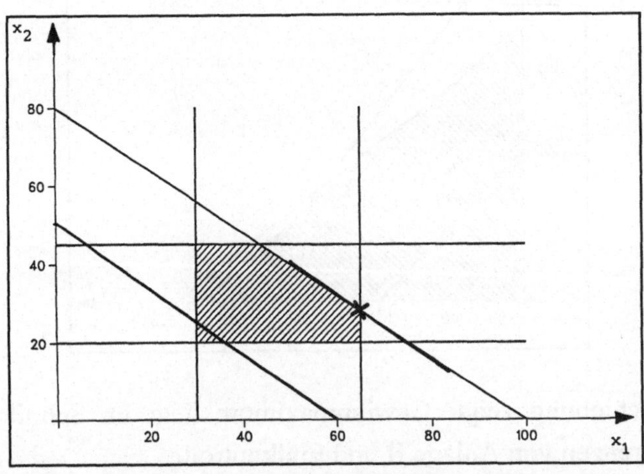

Parallelverschiebung zeigt: Gewinnmaximum liegt im Schnittpunkt von $x_1 \leq 65$ und der Begrenzung durch den Einkaufsetat.

Schnittpunkt: $x_1 = 65$ $x_2 = 28$

Der Gewinn beträgt dann: $G = 499.500$

172

Aufgabe 8.3:

$$x_1 + 2x_2 \leq 80$$

$$x_1 + 0,5x_2 \leq 40$$

$$1,6x_1 + 1,6x_2 \leq 80$$

$$G = 30x_1 + 50x_2$$

Ausgangstableau:

	X_1	X_2	
Y_1	1	2	80
Y_2	1	0,5	40
Y_3	1,6	1,6	80
G	-30	-50	0

Optimallösung:

	Y_3	Y_1	
X_2	-0,625	1	30
Y_2	-0,9375	0,5	5
X_1	1,25	-1	20
G	6,25	20	2.100

Aufgabe 9.1:

$$K_0 = \frac{54.000}{1 + 10 \cdot \frac{5}{100}} = 36.000 \text{ DM}$$

Aufgabe 9.2:

$$K_n = 2 \cdot K_0 \quad n = \left(\frac{2}{1} - 1 \right) \cdot \frac{100}{6} = 16,6667 \text{ Jahre}$$

Aufgabe 9.3:

$$p = \left(\frac{50.000}{20.000} - 1 \right) \cdot \frac{100}{10} = 15\ \%$$

Aufgabe 9.4:

$$n = \frac{\log \frac{2}{1}}{\log 1,06} = 11,8957 \text{ Jahre}$$

Aufgabe 9.5:

a) A: Kn $= 205.512,9995$ DM

  B: Kn $= 200.000$ DM

b) A: K_0 $= 150.000$ DM

  B: K_0 $= 145.976,1673$ DM

c) A: p $= 6,5\,\%$

  B: p $= 5,9224\,\%$

Aufgabe 9.6:

$$2 = 1 \cdot \left(1 + \frac{6}{12 \cdot 100}\right)^{n \cdot 12}$$

$$\log 2 = \log 1,005^{12 \cdot n} = 12n \cdot \log 1,005 \qquad n = 11,5813 \text{ Jahre}$$

Aufgabe 9.7:

a) $K_n = 226.098,3442$ DM

b) $K_n = 221.964,0235$ DM

  $p^* = 8,30\,\%$

Aufgabe 9.8:

$$2 = 1 \cdot e^{n \cdot 0,06}$$

$$n = \frac{\ln 2}{0,06 \cdot \ln e} = 11,5525 \text{ Jahre}$$

Aufgabe 9.9:

a) $p^* = 9\,\%$

b) $p^* = 9,0980\,\%$

c) $p^* = 9,0897\,\%$

Aufgabe 9.10:

a) $\quad 18 = 13 \cdot e^{0,05 \cdot p}$

$\quad p = 6{,}5084\ \%$ pro Tag

b) $\quad 50 = 13 \cdot e^{0,065084 \cdot n}$

$\quad n = 20{,}6975$ Tage

c) $\quad K_n = 13 \cdot e^{0,065084 \cdot 30} = 91{,}6035\ \%$

Aufgabe 9.11:

a) $\quad R_n = 41.269{,}9655$ DM

b) $\quad R_0 = 41.269{,}9655$ DM

$\quad R_n = 67.224{,}4251$ DM

$\quad r = 5.344{,}6493$ DM

Aufgabe 9.12:

$K_n = 39.343{,}03$ DM

$R_n = 29.014{,}54$ DM

Aufgabe 9.13:

a)

Jahr	Restschuld Jahresanfang	Zinsen Jahresende	Tilgungsrate	Annuität
1	400.000	32.000	0	32.000
2	400.000	32.000	0	32.000
3	400.000	32.000	0	32.000
4	400.000	32.000	0	32.000
5	400.000	32.000	0	32.000
6	400.000	32.000	80.000	112.000
7	320.000	25.600	80.000	105.600
8	240.000	19.200	80.000	99.200
9	160.000	12.800	80.000	92.800
10	80.000	6.400	80.000	86.400
		256.000	400.000	656.000

b)

Jahr	Restschuld Jahresanfang	Zinsen Jahresende	Tilgungsrate	Annuität
1	400.000	32.000	0	32.000
2	400.000	32.000	0	32.000
3	400.000	32.000	0	32.000
4	400.000	32.000	0	32.000
5	400.000	32.000	0	32.000
6	400.000	32.000	68.182,58	100.182,58
7	331.817,42	26.545,39	73.637,19	100.182,58
8	258.180,23	20.654,42	79.528,16	100.182,58
9	178.652,07	14.292,17	85.890,42	100.182,58
10	92.761,67	7.420,93	92.761,65	100.182,58
		260.912,91	400.000	660.912,90

Aufgabe 10.1:

Komb. o. Wdh., mit Ber. d. Anord., $k = 3$, $n = 50$, $K = 117.600$

Aufgabe 10.2:

Komb. mit Wdh., mit Ber. d. Anord.

Buchstaben: $k = 2$, $n = 26$, $K = 676$

Zahlen: $k = 3$, $n = 10$, $K = 1.000 - 1 = 999$, da 000 nicht erlaubt

Insgesamt: $676 \cdot 999 = 675.324$ Möglichkeiten

Zusatzfrage:

Buchstaben: $K = 676 + 26 = 702$

Insgesamt: 701.298 Möglichkeiten

Aufgabe 10.3:

a) Perm. o. Wdh. $P = 12! = 479.001.600$

b) Perm. mit Wdh. $P = 27.720$

<u>***Aufgabe 10.4:***</u>

Klassensprecher: Komb. o. Wdh., mit Ber. d. Anord.

k = 1, n = 25, K = 25

Stellvertreter: Komb. o. Wdh., o. Ber. d. Anord.

k = 2, n = 24, K = 276

Insgesamt: 6.900 Möglichkeiten

<u>***Aufgabe 10.5:***</u>

Komb. mit Wdh., mit Ber. d. Anord., k = m, n = 2, $K = 2^m$

<u>***Aufgabe 10.6:***</u>

Komb. o. Wdh., o. Ber. d. Anord., k = 10, n = 32,   K = 64.512.240

Literaturempfehlungen

Bader, H., Fröhlich, S., Einführung in die Mathematik für Volks- und Betriebswirte, München-Wien

Hoffmann, S., Mathematische Grundlagen für Betriebswirte, Herne-Berlin

Holland, H., Holland, D., Mathematik im Betrieb, Wiesbaden

Kobelt, H., Schulte, P., Finanzmathematik, Herne-Berlin

Müller-Merbach, H., Operations Research, München

Ohse, D., Mathematik für Wirtschaftswissenschaftler I + II, München

Olfert, K., Finanzierung, Ludwigshafen

Olfert, K., Investition, Ludwigshafen

Perridon, L., Steiner, M., Finanzwirtschaft der Unternehmung, München

Schwarze, J., Elementare Grundlagen für Studienanfänger, Herne-Berlin

Schwarze, J., Mathematik für Wirtschaftswissenschaftler, Band I - III, Herne-Berlin

Stichwortverzeichnis

Produktregel 40

Produzentenrente 79 f.

Punktelastizität 55

Punktsteigungsform 14

Q

Quotientenregel 41

R

Ratentilgung 144 f.

Rentenrechnung 140 ff.

-, nachschüssig 141 f.

-, vorschüssig 142

S

Schlupfvariable 121 f.

Schnittpunktbestimmung 16

Simplex-Methode 119 ff.

-, Basisvariable 122

-, Interpretation 122 f., 126, 127

-, Nichtbasisvariable 122

-, Pivot-Element 123 f.

-, Schema 127 f.

-, Schlupfvariable 121 f.

-, Steepest-Unit-Ascent-Version 123

Simplex-Tableau 122 ff.

-, verkürztes 122 ff.

-, verkürztes, Rechenregeln 125

-, verkürztes, Schema 127 f.

Skalarprodukt 85 f.

Stammfunktion 70 ff.

Stationärpunkt 65

Steepest-Unit-Ascent-Version 123

Steigung 14

Stetige Verzinsung 139

Summenregel 39, 71

Summenzeichen 6 ff.

T

Tilgungsplan 144 ff.

Tilgungsrechnung 144 ff.

-, Annuitäten 145 f.

-, Raten 145

Transponierte Matrix 84

U

Umkehrfunktion 12 f.

-, graphische Bestimmung 13

Umsatzfunktion 21, 24

Unterjährige Verzinsung 136 f.

V

Vektor 83

-, Spalten 83

-, Zeilen 83.

W

Wachstumsfunktion 139

Wendepunkt 46 f.

-, Bestimmungsschema 46

Wurzelfunktion 28 f.

Wurzeln 3 f.

Z

Zielfunktion 112, 120 f.

-, erweiterte 64

Zinseszinsrechnung 134 f.

Zinsrechnung 132 ff.

Zwei-Punkteform 15

Hans-Werner Stahl/Wolfgang Stahl (Hrsg.)

Effizient studieren: Wirtschaftswissenschaften an Fachhochschulen

(Edition MLP)
1998, XII, 338 Seiten, Broschur, DM 32,80
ISBN 3-409-13636-3

Das Buch bietet einen Überblick über das Betriebswirtschaftsstudium an deutschen Fachhochschulen. Es ist zugleich ein Wegweiser zum Auffinden geeigneter Studiengänge mit Angaben zu Zulassungsvoraussetzungen und Bewerbungsfristen. Es zeigt die Möglichkeiten des BWL-Studiums an Fachhochschulen auf und gibt einen fundierten Überblick über das Angebot von allgemeiner und spezieller Betriebswirtschaftslehre. Besondere Berücksichtigung finden internationale Studiengänge mit Zulassungsvoraussetzungen und Bewerbungsfristen.

BWL an Fachhochschulen:

- Zulassung, Aufbau, Anerkennung
- Wissenschaftliches Arbeiten
- Praxisbezug im FH-Studium
- Finanzierung und Stipendien
- Weiterbildung nach dem Diplom
- Internationale Studiengänge

Die Professoren Hans-Werner und Wolfgang Stahl sind ausgewiesene Wissenschaftler und erfahrene Dozenten an der international renommierten Fachhochschule Reutlingen.

Betriebswirtschaftlicher Verlag Dr. Th. Gabler GmbH, Abraham-Lincoln-Str. 46, 65189 Wiesbaden